理系学生・エンジニアのための
やり直し英語

$E=mc^2$ で身に

山村嘉雄 著

$E=$ m materials $\times$ c^2 communication

$E=mc^2$ NGLISH

東京電機大学出版局

PREFACE

はじめに

　本書の目的は，日進月歩の科学技術の世界で奮闘する技術者は元より，エンジニアを目指す理系の学生で，英語力を向上させたいと思っている方に，効果的な英語再学習法を提供することです.

　本書で紹介する学習方法は，著者の50年を超える英語学習経験に基づいています．中学1年から学びはじめ，20代前半で英検1級に合格し，英語を教える仕事についた後も，さらに自己研鑽を重ねました．そして，日本文化を英語で紹介する通訳ガイドの資格を取得し，国際人としての見識も試される国連英検特A級にも合格しました．その後も，英語の教員免許だけでは不十分と思い，英語を英語で教えられる技能であるTESOLの資格もとりました．そして技術英語力が問われる工業英検1級にも合格したのを契機に，理系の視点を意識した英語学習法をまとめることに着手しました．その成果が本書です.

　本書で示す学習の手順は以下のとおりです.

1. 重要な発音記号を覚え，英単語を英語らしく発音できるようにする.
2. カタカナ表現や和製英語を英語に変換し，語彙力を強化する.
3. 接頭辞・接尾辞および合成語を意識し，語彙力をさらに強化する.
4. 基礎的な英文法の知識と基本的な文型を「SF物語」を読んで身につける.
5. 手や指の機能に注目した英文を読んで，4で得た知識を運用力に変える.
6. 自然現象や日常的な事象の英文を読み，よく使われる構文や語句を習得する.

　到達目標は，高等学校までの学習内容の理解です．一般的な英語の参考書とは異なり，説明や例文は理系の視点を意識してまとめました．たとえば，「過去形」などの「時制」をより深く理解してもらうために，宇宙の創生であるビッグバンまでさかのぼって説明しています.

　英会話力の向上には音声学習も重要です．本書記載の単語や英文（録音部分は

網掛けで明示）をネイティブ・スピーカーが音読したファイルをウェブに掲載しました．音声と文字が運用能力として融合するように，繰り返し聴いて音読することを推奨いたします．さらに，例文を書き写す作業を加えるとより効果的です．

　また，補足説明として英語文献などからの引用を数多く掲載しました．本格的な英文読解への足掛かりを提供するためです．

　以上の内容に加え，発展的な独習を可能にするため，ウェブに「英語工具箱」という編集可能な英語学習データ集も載せてあります．活用のしかたについては，巻末の説明を参照してください．音読のための英文集「音読用 passage」では，著者が，日本人として音読した音声ファイルの利用が可能です．

　あわせて，より意欲的なキャリアアップも視野にいれ，TOEIC，英検，技術英検（旧工業英検）などの検定試験の情報も「英語工具箱」に収納しています．

　このように，本書での学習が終了した後も，ウェブ掲載の発展的な教材を活用すると，長期にわたる英語学習が可能になる仕組みになっています．

　英語力習得には時間をかけた地道な努力が求められます．そのために公式が必要です．本書が提供する教材（materials）を活用し，communication の４技能（「input としての c：listening〈聴解〉＆ reading〈読解〉」×「output としての c：reading aloud〈音読〉＆ writing〈模写〉」）の学習を意欲的に励行すれば，独習であっても，英語力 E（English）は必ず習熟の域に達します．この英語学習の膨張のイメージを E＝mc² で表現しようと思い副題にしてみました．

　等差級数的な向上ではなく，等比級数的な向上を目指すのです．本書の学習を終らせる頃には，次の高所への登り道が見えてくるはずです．

　一人でも多くの技術者を目指す学生およびエンジニアが，本書での学習をきっかけに，さらなる研鑽を継続され，日本の「ものづくり」の現場から，よりよいグローバル化に貢献できるようになることを切に願います．

2022 年 6 月

山村 嘉雄

INTRODUCTION

効果的な学習予定と学習方法

　本書を使い，能率的かつ効果的に学習をする予定表と学習方法を紹介します．

(1) 本書

CHAPTER	学習内容と到達目標	学習期間	実施期間
基礎編			
1	重要な発音記号の学習をもとに，英単語を英語として発音するコツを理解する．	2週間	日
2	カタカナと和製英語を英語に変換し，語彙力を強化する学習法を身につける．	2週間	日
3	語彙力強化のため，代表的な接頭辞・接尾辞を学ぶ．	1週間	日
4	SF物語を読みながら，主人公の立場で，英文法の重要部分（五文型，時制，八品詞）を再学習し，文法が，理解，意識，心情などを表現するための規則だということを体得する．あわせて，物語の進行で使われる日本語と英語の併記により，語彙力（名詞）を強化する．	4週間	日
応用編			
5	毎日使う「手や指」の機能に注目した英文を学習し，実用的な英文に慣れる．	2週間	日
6	日本語で熟知している自然現象や事象などをやさしく説明した英文を学習するとともに，五文型以外の文型やよく使う表現などを身につける．	2週間	日

※学習期間は目安です．

(2) 英語工具箱（ウェブ掲載英語学習データ集）

　本書の記載内容の補足説明と発展的な学習のために，ウェブに「英語工具箱」と名づけた英語学習データ集を掲載しました．具体的な内容は，巻末の「音声と英語工具箱の活用のしかた」を参照してください．

　ここでは一例だけを紹介します．本書で学習を進めると，随所で「☛ RとL」のような表記を目にします．この「☛」が「英語工具箱」への案内です．「英語

工具箱」を開くと，「RとL」という見出し（tab）が見つかります．そのシートには，カタカナ表記すると混同しやすいRとLを含んだ英単語が一覧で掲載されています．

　「英語工具箱」記載の内容は自由に編集し，加筆できるので，今後の発展的な英語学習にも活用いただけます．

(3) 効果的な学習方法

　英語の音声を短時間でも毎日聴くことが重要です．網掛けで掲載した英単語と例文については，ネイティブ・スピーカーの朗読の音声をウェブに収録してあります．通勤時，昼食後，就寝前などに短時間で学習予定を組むと継続できそうです．

　繰り返しの音声も大切です．録音音声を参考に，例文の音読を繰り返すことをおすすめします．あわせて，例文の意味を確認しながら，文章全体を書き写す地道な作業も，回数を重ねるごとに効果的になります．

　「英語工具箱」には，本書の内容とは別に「音読用 passage」という見出しがあります．複数の短い記述があり，それぞれ80ワード程度の分量なので，5分あれば，3回程度の音読が可能です．この「音読用 passage」については，参考例として，著者の朗読の音声がウェブで利用できます．

(4) 検定試験への挑戦

　英語力に自信がついてきたら，英語検定試験に挑戦するのも励みになります．具体的な案内は「英語工具箱」で確認してください．

CONTENTS

目　次

CHAPTER 1

これならできる英語らしい発音
発音記号に基づく発音

　この CHAPTER 〔tʃǽptər〕（以下，カタカナ表記）では，英語らしい発音を身につけられるように，発音記号に基づいた発音について説明していきます．

　発音記号は，IPA（International Phonetic Alphabet, 国際音声アルファベット）に基づき表示されます．英語の音を表す記号だけでも 40 を超えますが，すべてを几帳面に覚える必要はありません．本書では，特に注意すべき音を取り上げます．効率的な学習を念頭におき，8 項目に絞りました．次のステップを踏んでいけば，英語らしい発音に自信が持てるようになります．

　表記については，研究社の『リーダーズ英和辞典　第 3 版第 3 刷』を参考にしました．

1. 英語らしい発音とは何かを理解する．
2.「R」と「L」を克服する．
3. 4 つある英語の「ア」の音に慣れる．
4.「オー」と「オウ」を区別して発音する．
5. Thank you. が「産休」でなくなる．
6. ABC の C と she の「シー」を区別する．
7.「F」と「V」を習得し最後の難関を突破する．
8. アクセントに気をつけて英語らしい発音を完成させる．

　本書では上記以外の多くの発音記号（以下，便宜上 IPA と表記）は取り上げません．なぜならば，日本語の音で発音しても大きな障害にはならない場合も多いからです．

　世界中の英語使用者に理解してもらえる発音を，IPA に基づき丁寧に習得していくのが望ましいのはいうまでもありません．しかしながら，時短的な学習を考え，日本人の英語学習者にとって注意すべき発音だけを取り上げます．

なお，網掛けの単語などの発音はウェブで確認できます．

IPA は，幼児が自転車を一人でこげるようになるための「補助輪」のような
ものです．発音に慣れてくれば，「補助輪である」IPA の存在さえも意識しなく
なります．そのためにも，「補助輪」を早く外せるように，説明の内容をもとに，
見本の発音を聞いて繰り返し発話する練習を繰り返すことが大切です．その際，
意識する重要な点は次の 2 つです．

- 第 2 言語（あるいは第 3 言語）としての英語使用者であることを自覚し，世
  界中の人が理解できる発音のしかたに注意を払う．
- カタカナは英語ではないことを再認識し，英語本来の意味と発音を身につけ
  る（カタカナことばは，チャプター 2 で取り上げます）．

ネイティブ・スピーカー（Native Speaker，以下 NS と表記）による発音をウ
ェブに収録してありますので，本文の網掛け個所とチャプター 1 の最後にまとめ
た練習用の語句リストをもとに，繰り返し，発音の練習をしてください．

なお，私の読書経験で見つけた「発音にかかわる描写など」を，随所で引用し
ます．これは，発音という行為が，NS も含めた外国人にとっても，生活の一部
として，時には誤解の要因になっていることを，体験者自身の視点から実感して
もらうための試みです．

引用部分は，このチャプターの説明から若干脱線する記載にもなるので，前後
を——で囲ってこの文字フォントで記載しています．学習を中断させないように，
後でまとめてお読みいただくのもいいでしょう．補助的な参考資料としての位置
づけです（引用英文には，原則，翻訳がある場合でも，出版された和文の引用で
はなく，内容理解の補助としての拙訳をつけています）．

以上をこのチャプターの目標にして，学習をはじめましょう．

1.1　英語らしい発音とは何かを理解する
IPA は英語らしい発音へのパスワード

英語らしい発音の習得と聞くと，NS が話す英語を連想します．しかしながら，
私たち日本人は NS には変身できないので，発想を変える必要があります．日本

人としては，世界中の英語を話す人々（第2，あるいは第3の言語としての英語使用者も含む）に理解してもらえるような発音ができるように努力すればいいのです.

　街角の英会話学校で，アメリカ人の教師から，数字の20の発音を「トゥウェンティ」ではなく「トゥウェニー」と教わった方もいるかもしれません．また，ハリウッド映画やアメリカのポップスの影響で，アメリカ人のように話すのが「かっこいい」と感じている人もいるかもしれません．しかし，米国へ留学したり転勤したりする予定がなければ，アメリカ英語を意識しすぎる必要はありません.

　日本でも人気のあるアメリカ人ホラー作家スティーブン・キングの描写を読んでみましょう.

"…She was a great gal. It's like a tragedy out of Shakespeare, isn't it?" Only she said it *trad-a gee*,…
「彼女はすごい子だった．シェイクスピアの悲劇みたいね」彼女はそれをひがきと言っただけど…

Stephen King, Full Dark, No Stars

　つまり，彼女は tragedy〔trǽdʒədi〕（悲劇）の正しい発音を身につけていないわけです．あるテレビ番組で，国会議事堂を「国会じぎどう」と言った若い芸能人（日本人）を思い出しました.

　次の例は私の体験です．以前，専門学校で英語を教えていたときに，年配のアメリカ人英会話担当教師が，卒業生に向けたお祝いのメッセージの色紙にcongradulations と書いたので，スペルミスを指摘したところ，「昔からこうやって発音している」との返答があり，驚愕したのを今でも思えています．正しいスペルは，congratulations で〔d〕の音はないのですが，そのアメリカ人は，t を濁した d で発音するので，スペルも自然に d にすり替わってしまったのだと推測します.

　NS の発音は，私たち英語学習者にとって必ずしもよい手本になるとは限らないという事例を紹介しました.

書店でよく目にする英会話教本には，「ネイティブ・スピーカーは…」という

ような書名で，日本人の英語学習者にショックを与えるようなものもあります．NS の英語は当然尊重しながらも，数では NS を大きく上回る英語を第 2 言語として使用する人々にも誤解を与えない英語を学んでいくほうが賢明だと思います．

　国境を越え，無国籍化する英語について，変化しつつある英語を New Englishes という複数形で表現する社会言語学者もいます．

　英語も多様化に向かっていますが，コミュニケーション上で重要な発音について，日本で生活し，国内で主な仕事をこなしていく多くの日本人英語学習者は，拠り所を IPA に求めたいものです．

　IPA の一覧は市販の英和辞書などの巻頭で表示があり，インターネットでも簡単に検索できます．しかしながら，米国などでは同じ音に対しても異なった記号が使われている場合もあり，深入りするとかえって混乱する可能性があります．

　まずは，本書で紹介する記号に的を絞って，学習を進めることをおすすめします．

　米国での英語音の表示についてのコメントを引用します．

The International Phonetic Alphabet, perhaps the most widely used, differentiates between fifty-two sounds used in English, divided equally between consonants and vowels, while *The American Heritage Dictionary* lists forty-five for purely English sounds, plus a further dozen for foreign terms.

Bill Bryson, *Mother Tongue: The English Language*

IPA はたぶん最も広く使用されていて，英語での 52 の音の差異を区別し，子音と母音を公平に区別する．一方，『アメリカ遺産辞書』は純粋な 45 の英語音を列挙し，外国語の表現のためにさらに 12 を加えている．

　英語音声学の専門家になるわけではないので，電子辞書の発音機能を活用し，その際に IPA も確認する程度でいいでしょう．英単語の発音はインターネット上でも確認できます．

　ここから，英語学習で IPA の知識が重要であることを別な視点からお話します．それは，つづり（spelling）と発音（pronunciation）の関係です．

　櫛は comb で，ローマ字読みすると「コンブ」になりそうです．頭文字を t に変換すると tomb になり，「トンブ」と発音すると，笑えない漫才になってしまいます．tomb は「墓」という意味で，発音は「トゥーム」です．映画の「Tomb Raider」は「墓の略奪者」という意味なります．さらに t を b に変えると爆弾を意味する bomb になり，この単語の発音は「ボム」です．

　これらの単語を改めて眺め，発音してみると，英語ということばは，いかにつづりと発音の整合性がとれていないかがわかります．つまり，スペルを見ただけでは正確な発音ができないのです．

　IPA とともに，これらの 3 つの単語の音を再確認しましょう．

comb〔kóʊm〕　　tomb〔túːm〕　　bomb〔bɑ́m〕

　また，発音しない b も曲者です．この b は mb で終わる単語の場合が要注意です．ほかには，子羊の lamb，山登りの climb，親指の thumb などもあります．

　電荷の単位クーロンの英語にも発音しない b があります．

coulomb〔kúːlɑm〕

　スペルと発音が一致しない例として，中学校で習う often があります．授業では often という単語の t は発音しないと教えられましたが，仕事で英語を使うようになってから，よく t の発音をする英語を耳にします．

　私は，習ったとおりの「オフン」で発音していますが，中には「オフトゥン」と発音する人もいるのです．

---

often の t の発音は，ノンフィクション作家も注目しています．

Many people today pronounce that *t* in *often* because it's there (even though they would never think it to do with *soften*, *fasten*, or *hasten*)….

　　　　　　　　　　　　Bill Bryson, *Mother Tongue: The English Language*

今日，多くの人々が often にある *t* を発音するのは，それがあるからだ（*soften*, *fasten* あるいは *hasten* では *t* を発音しようなどとは思わないだろうけれど）．

---

often の IPA を調べると，t を発音してもしなくてもいい表示になっています．好みの問題でしょうか．

このように，英語の発音に自信がついてきても，スペルから正しい発音がわからない単語も数多くあります．船舶で使う gunwale（船べり）もその1つです．発音は〔gʌ́n(ə)l〕で，「ガヌル」のような音になり，そのつづりとは結びつきません．

私たち英語学習者にはぶれない拠り所が必要ですので，IPA を意識して英語を発音することをおすすめする次第です．

> IPA の表記法の有効性を記述した科学者のコメントを引用します．
>
> …there is an enormous national and individual variation in the speech sounds used to portray the same written word. The International Phonetic Alphabet overcomes this difficulty by providing symbols to represent every shade of sound in most human languages.
>
> Lyall Watson, *Supernature*
>
> 書いてある同じことばを発音するときの音には国や個人で大きな差異がある．IPA はほとんどの人間のことばの音のすべての微妙な違いを表現することで，この困難を克服する．

このように，英単語は書いてあるアルファベットのとおりに規則正しく発音されるわけではありません．このことも，新しい単語の意味を調べるときに，意識すべき内容です．

1.2　「R」と「L」を克服する
「R」と「L」の発音の違いは「舌」の位置にある　　　☞R と L

日本人が不得意だといわれている R と L の音を比較してみましょう．この2つの音の違いは，日本人にとって昔も今も，そして未来にまでおよぶ永遠の課題かもしれません．

> この事実を裏づける日本の小説2編の場面を紹介します．
> はじめに歴史小説です．日本人としてはじめて本格的に英語を学習した江戸時

代のオランダ語通詞，森山栄之助の苦労を，吉村昭は幕末を舞台にした小説で次のように書いています．

しかし，森山をはじめ通詞たちがマクドナルドに注意されるのは，Lがふくまれている単語の発音だった．「ソレハＲダ．Ｌハチガウ」と言って，マクドナルドは発音してみせる．

吉村昭『海の祭礼』

マクドナルドは，アメリカ人の捕鯨船乗りで，東北地方に漂着した後に長崎の出島で監禁され，そこで日本人のオランダ語通詞に英語を教える機会を得たという歴史的な事実があります．上記の引用場面は，十分にありえた状況として興味深く読みました．

一方，未来でも状況は変わっていないようです．SF作家の小松左京は次のように書いています．

「いまの所，大丈夫という計算だがね」松浦は，日本人特有の，ＲとＬの発音のあいまいなことばで答えた．

小松左京『果てしなき流れの果に』

舞台は未来の火星です．calculate のLの音がしっかりと発音できなかったということでしょう．

以上の状況を打破するための発音練習法をお伝えします．

"Rome was not built in one day." という有名な英語のことわざが出発点です．

「ローマは一日にしてならず」のローマですが，英語の発音をカタカナで表記すると「ロ**ウ**ム」となります．

関連した例として，関東ローム層のロームは，loam とつづり，やはり「ロウム」と発音します．同じ音で日本語を考えると「労務」という漢字がでてきます．

この Rome，loam，そして「労務」の3種類の発音のしかたがわかれば，英語でのＲとＬの発音の区別がはっきりしそうです．

日本語の「ラリルレロ」の発音では，舌の先の位置は，英語のＲとＬの発音のときの舌の先の位置のちょうど中間になってしまいます．その結果，Ｒの音な

のか L の音なのかが，英語圏の人々にはわかりづらくなるようです．試しに，「労務」と何度か発音し，発音時の舌の位置をよく確認してください．

　この課題を克服するためには，英語の R と L の 2 つの音を発音する際の舌の位置，特に舌の先の位置の違いを確認することです．

　最近では，英語の発音を解析するアプリなどもあるようですが，表示される波形の差に神経質になるよりも，「R 音では舌を丸めて発音」し，「L 音では舌の先を上の歯へ添えるように発音」することに注意を向けてください．

　R では，舌をまるめ，口内の上部をなめるようにして発音します．したがって，発音のときに少々力みますね．

　right（そのとおり）というときには思わず力がはいりますし，reap（刈り取る）ときにも力が必要です．fry（揚げる）は，油の中で火がとおるイメージです．

　一方 L では，舌の先を軽く上の歯に触れさせます．歌の「ラ・ラ・ラ・・・」の音で軽快です．「軽い」という意味の light，「飛び越える」の leap，「飛ぶ」の fly は，L の音ですね．

　このように，R 音に伴う舌の動きが，L 音に比べて，「力強さ」を伝えているような印象を持ちます．

　最近読んだんスティーブン・キングの短編小説では，この R 音が，恐ろしい響きとして伝わってきます．

The chainsaw was very loud now, not *rrrr* but *RRRRRRR*.

　　　　　　　　　　　　　　Stephen King, "Rat", *If It Bleeds* に収録
電動のこぎりの音は今非常に大きくなった．rrrr はなく RRRRRRR だ．

　作者がここで R を使ったのは，表題の Rat に関係します．読者にネズミの存在を意識させるための工夫ですが，L 音の loud と合わせて，R 音の発音に慣れる絶好の文章のように思われます．

　それでは，舌の位置の違いを，図で確認してみましょう．

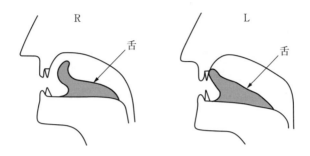

　RとLの差異について苦労しているのは日本人ばかりではありません．文明風刺の小説『山椒魚戦争』に出てくる高い知能をもとに人類に挑もうとする山椒魚が，英語を身につけようとするときに，発音ができないRの音をLで発音する様子が描かれています．

　…，彼ら（山椒魚）は多音節から成る長い単語を発音するのが困難で，一音節にちぢめようとし，短く，すこしばかり蛙の鳴くような声で発音した．rと発音するところを lと発音し…

　　　　　　　　　　　　カレル・チャペック，栗栖継訳『山椒魚戦争』

　舌の位置を確認するときに，好みの単語を使うのはいい方法です．ワイン好きの人は，claret（ボルドー産赤ワイン，クラレット）という単語で練習されるのはいかがでしょうか．

　しかしながら，舌の位置に注意して，R音とL音の発音の区別ができるようになっても，検定試験のリスニングでのR音とL音の聞き分けができるようになるには時間がかかります．

　業務中の英会話で，アメリカ人，あるいはイギリス人が発音した単語がR音なのかL音なのかが瞬時に理解できないこともあります．そのときには，聞き取れたと思うスペルを書いて見せて，確認するなどで誤解を防ぐことをおすすめします．

　たとえば，erection（直立）と election（選挙）では意味が大きく異なります．発音に自信がないときは「筆談」が有効です．

　ブラック・ユーモアで有名なのが，飛行機で旅行へ出発する友人に "Have a

nice flight." と言ったつもりが，先方には "Have a nice fright." と聞こえてしまう
小話です（fright は「恐怖」という意味）．

　最後に私の失敗談です．L の音を light（光）のイメージで考えていたので，
blight という単語を「光り輝く」と誤解してしまいました．なぜならば，light
というスペルがあるからです．しかし，「光り輝く」の意味を表す単語は bright
だったのです．

　blight ということばは「枯葉病」という意味です．それ以来，bright の r は光
源の力強さと解釈することにしました．

1.3　4つある英語の「ア」の音に慣れる
英語では日本語の「ア」の音は使えない

　日本語の「ア」の音とそれに近い IPA の発音を比べてみましょう．

　〔æ〕は「ア」と「エ」をいっぺんに発音する音です．hat, cap, bat を発音し
てみましょう．「アエ，アエ，アエ，…，æ」と，私は中学生時代にこの母音の
発話練習を繰り返しました．

　もはや日本語化した「サンキュウー」は「産休」とほぼ同じ響きとなり，この
発音では英語として要は成しません．Thank you. の th 部分の発音はこの後の説
明を参照していただき，ここでは母音の〔æ〕の発音に注目します．

　この母音の発音に無頓着なイギリス人もいるようです．舞台の子役時代にロン
ドンの劇場で『不思議の国のアリス』のアリスを演じ，原作者のルイス・キャロ
ルの友人にもなったイサ・ボウマンは自著のなかで，この語句の発音をキャロル
に注意されたことを次のように引用しています．

…didn't I hear you pronounce 'thank' as if it were spelt with an 'e'? … I suppose
it's an odd way of pronouncing the word.　… It will sound much nicer if you'll
pronounce it so as to rhyme with 'bank'.

Isa Bowman, *The Story of Lewis Carroll*

まるで e でつづられているようにあなたが thank を発音したのを，私は聞いて
いなかったのか．…それは，その単語の変わった発音のしかただと思います．…
bank の音に合わせるようにそれを発音すると，ずっとよく響くでしょうね．

　ここでは,「**センキュー**」と発音するのは変だとの指摘です.正しくは,銀行ということばを「バ**ァェ**ンク」と発音するように,「サ**ァェ**ンク」と発音したほうがいいとの助言です(便宜上,th は「セ」と「サ」で表記しました).

　bank も「バンク」では英語にならないので,注意が必要です.銀行家のbanker がゴルフの bunker になってしまう可能性があります.

　逆の発想で〔æ〕の音を練習してみましょう.日本語の文章の「ア」をこの音で発音するのです(著者の音読をウェブで確認可能).

　　「あした,あなたに,あそこで,あいましょう」 ⇒
　　「æした,æなたに,æそこで,æいましょう」

音の違いは歴然です.

　〔æ〕は英語では頻繁に使われます.日本語の「ア」で通じることもありますが,「ア」で代用しないようにする姿勢が重要です.

　次に「ア」に近いほかの母音をまとめて説明します.

　〔ɑ〕:口を大きくあけて「ア」と発音します.練習では,あごが外れるくらいに意識的に口を開けてもいいでしょう.この母音を口を大きくあける「ォ」〔ɔ〕で発音する人もいます.録音では「オ」の音で聞こえます.

　hot, cop (警官),そして bomb (爆弾)です.

　〔ʌ〕:日本語ではびっくりしたときに無意識に出る「ア」に近い音です.口をほとんどあけず,鋭く発音します.

　hut (小屋,ピザハットのハットはこれです.ピザの帽子ではありません),cup, cut, shut は同じ母音です.上述の bunker もこの母音です.

　〔ə〕:弱い音なのでアクセントがなく,聞こえてこないような場合もあります.

　American の先頭部分が弱いこの音ですから,「メリカン」に聞こえます.これが「メリケン」の語源です.

　実は,このあいまい母音も英語ではよく発話される音なのです.リスニングのテストでは,聞こえないくらいの音になることもあるので注意が必要です.

1.4　「オー」と「オウ」を区別して発音する
カタカナ英語から脱出しましょう

　ここでは，日本語での長音と英語としての発音（二重母音）の差を簡単な単語を使って比べていきます．

　エンジニアがよく使うことばに「コード」があります．これを英語に戻すと 3 つの単語がでてきます．code, cord, chord です．私たちは，これをすべて「コード」と発音するわけです．日本語での会話であれば問題はありませんが，英語の学習者としては，「母音」の差異に気をつけなければなりません．IPA を確認するとこの母音（vowel）の発音のしかたがよくわかります．

　コードに対応する英単語を IPA を使って表記してみます．

　code〔kóʊd〕　　cord〔kɔ́ːrd〕　　chord〔kɔ́ːrd〕

　code は記号とか符号の意味で使い「コウド」と発音します．

　cord は電化製品のコードで「コード」と発音します．

　chord は数学の「弦」とかギター演奏の「コード」を意味します．

　英語で「オウ」と発音すべき部分も，カタカナでは長音「ー」で表記することが多くなります．その結果，英語として通じにくいということになるわけです．

　小舟のボートは boat〔bóʊt〕，冬季に着るコートは coat〔kóʊt〕，機内モードのモードは mode〔móʊd〕，「向こうへ」を意味するオーバーは over〔óʊvər〕という発音です．〔oʊ〕のような音を diphthong（二重母音）といいます．

　微妙な発音の差で困惑するのは日本人ばかりではありません．一例として，小説に書かれたイタリア人ウェイター（I）とアメリカ人の客（A）との会話を引用します．

I：　"I am sorry for you disturb. You ate antipasti and a soap, yes?"

A：　"Soap?"…

I：　"Yes. …A fish soap?"

A：　"Oh, *soup*."…

He descended the stairs, saying the word *soup* over and over in his mind.

Jess Walter, *Beautiful Ruins*

イタリア人：「ちょっとごめんなさい．あなたは，アンティパスティ（前菜）と石鹸1つを召し上がりました．そうですね」

アメリカ人：「石鹸って」

イタリア人：「はい．魚の石鹸です」

アメリカ人：「ああ，スープね」

彼は階段を降り，心のなかで soup という単語を何度もくり返した．

　NS であっても，母国語である英語の二重母音の発音に時として苦労します．次の引用は著名なイギリス人作家，サマセット・モームの子ども時代の回想です．

I must then have been nine. I was for long uncertain about the pronunciation of English words, and I have never forgotten the roar of laughter that abashed me when in my preparatory school I read out the phrase 'unstable as water' as though unstable rhymed with Dunstable.

Somerset Maugham, *The Summing Up*

私が9歳のときだったにちがいない．英単語の発音が長い間不確かだった．忘れられないのは，小学校のときに私を赤面させた大笑いである．そのとき，私は unstable as water（水のように不安定な）の unstable をまるで Dunstable の発音のように読み上げたのだった．

　〔ei〕と発音すべき unstable の a の部分を，地名の Dunstable の a の発音である〔ə〕で発音したので，大笑いされたという苦い思い出です．カタカナを使って再現すると「アンス**テイ**ブル」を「アンス**タ**ブル」と読み上げたということです．

1.5　Thank you が「産休」でなくなる
th の発音は「サ」や「ズ」の音ではない

　〔θ〕と〔ð〕は，両方の音とも，舌の先を上の歯の裏につけながら息を出します．前者は濁らない音で，後者は濁る音です．

〔θ〕

mouth〔máʊθ〕　　month〔mʌ́nθ〕

theory〔θíːəri〕　　theater〔θíətər〕

sink〔síŋk〕(沈む) と think〔θíŋk〕(思う) は, よく混同されます.
〔ð〕

mother〔mʌ́ðər〕   father〔fɑ́:ðər〕

the〔ðə, ði〕   this〔ðís〕   that〔ðǽt〕

舌の位置を図で確認してみましょう.

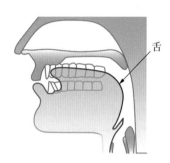

舌

この th の音と s の音の差を取り上げて, ロボットの英語の発音の不自然さを書いた SF 作家がいます. ロボット3原則を考案したことで有名なアイザック・アシモフです. 人間の刑事 Baley とロボット刑事が難事件を解決する小説 *The Naked Sun*(『はだかの太陽』)からの引用です.

Baley said cautiously, "Do you remember a colorless liquid on your master's table, some of which you poured into a goblet for him?"
The robot said, "Yeth, mathter."
A defect in oral articulation, too!

Isacc Asimov, *The Naked Sun*

Baley は注意深く言った.「君の主人のテーブルの上の無色の液体を覚えているかい. 君が彼のためにゴブレット(ワイングラスのようなもの)に注いだものの一部だよ」
ロボットは言った.「Yeth, mathter」(本来は「Yes, master」)
明瞭な発音にも不具合がある.

ロボットは "Yes, master." と発音すべきところを, s の発音ができないのか, th の音で代用しているので,「不具合」と言われてしまいます.

　NS でも上記のロボットのようにぎこちなく発音する人もいるようです．次は，スティーブン・キングの最近の小説からの引用です．悪の組織の黒幕として The Lisping Man という人物が登場します．lisp は〔s〕を〔th〕と発音する発話の不全という意味です．

"…, and then there were mass suicides at both."
The word came out *thoothides*.

Stephen King, The Institute

「…, そしてそのとき両方で多くの自殺があった」
そのことば（自殺）は thoothides と（口から）出てきた．

　この登場人物は，アシモフが描いたロボットと同じように，本来 s の音で表現すべき部分を th の音で言ったということです．

1.6　ABC の C と she の「シー」を区別する
早口ことばで練習しよう

　早口ことばは，英語では tongue twister といい，「舌をもつれさせるもの」という意味です．

She sells seashells by the seashore. The shells she sells are seashells, I'm sure.
So, if she sells seashells on the seashore. Then I'm sure she sells seashore shells.

　発音のこつは，〔ʃ〕の she, shell, shore, sure と〔s〕の sell, sea をきちんと区別することです．
　〔ʃ〕の音は，日本語で「静かに」という意味で「シー」と強めに言うときの音です．

1.7 「F」と「V」を習得し最後の難関を突破する

発音練習するときには，下唇を少し強めに噛みましょう

〔f〕と〔v〕では，上の歯で下唇を押さえます．日本語の「フ，ブ」の音では
ありません．

日本語の「コーヒー」の発音では上の歯が下唇に接していません．英語の
coffee の発音練習では思い切って，上の歯で下唇を強く押しましょう．

〔f〕

fire, feet, fine, future, coffee

〔v〕

violin, victory, velocity（速度）, visibility（視界）, vision

1.8 アクセントに気をつけて英語らしい発音を完成させる

発音やアクセントの手本の人を見つけよう

発音と同じように英語学習者を悩ます音の要素にアクセントがあります．音節
が2つ以上になると，より強く発音する部分に注目する必要がでてきます．

たとえば sometimes は1つの単語ですが，音節では some と times に分かれま
す．前方にアクセントがあれば，sometimes のように発音しますし，仮に後
方にアクセントがあれば発音は sometimes になります．

突然ですが，問題形式で，アクセントの重要性を確認してみましょう．

後ろの音節にアクセントがある単語を選んでください．

　1. legend　　2. hotel　　3. bookcase

1の単語も最近は「レジェンド」とカタカナ表記するので，日本語っぽい発音
でこれを選んでしまいそうです．IPA では，最初の音節にアクセントがあります．

一方，hotel の IPA では〔hoʊtél〕なので，「ホテル」という発音ではなく「ホ
ウテル」と発言しないと理解してもらえないということです．ここでは，これが
正解です．

3の bookcase もカタカナの影響で正解かと迷われる方もいると思いますが，

〔bókkèis〕のとおり，アクセントは最初の母音です．後方の記号もアクセント符号ですが，2番目のアクセントの記号です．

　英語力がある方でも，発話時に単語のアクセントが不明瞭で理解してもらえずに，ご自身の英語力に自信をなくしてしまう方もいるようです．このアクセント符号もIPAの一種だと理解してください．

　日本ではアメリカ英語に接する機会の方が多いので，イギリス英語の発音やアクセントに，多少の違和感を持つ学習者も少なくないようです．

　TOEICのリスニング問題は，アメリカ人，カナダ人，イギリス人，オーストラリア人の録音で実施されています．それぞれの国の英語の発音も市販の教材やインターネットで確認できる時代になりましたので，意識して慣れていけば，国による英語の発音の差は，大きな障害にはなりません．

　ただし，一般論として，英語学習者は，イギリス英語はアメリカ英語と響きが少し違うということだけは，常に注意する必要があります．

　現代のアメリカ人作家も，英米の発音の差が気になるようです．次のような場面をベストセラー小説で見つけました．

"You said you're British?"

"By birth, yes."

"I don't hear an accent."

"Good," she replied. "I worked hard to lose it."

Dan Brown, Inferno

「君は自分は英国人とだと言ったね」

「生まれてね．そうよ」

「アクセントが聞こえないな」

「よかった」彼女は答えた．「なくそうと努力したの」

　主人公のアメリカ人教授は，女性の英語にイギリス人特有のアクセントがないことに驚いた様子です．

　別の小説の一場面です．

Scott says, "Ava, you look enchanting." He's speaking in a British accent; "enchanting" is *enchohnting*."

Elin Hilderbrand, *Winter Street*

スコットは言う.「アヴァ,君は魅力的だ」彼は英国のアクセントで話している.「エンチャンティング」は「**エンチョーンティング**」だ.

アメリカ人の科学者にもイギリス英語の響きが印象的な様子です.

…then, Short's clipped British accent came cracking over the line.

Burkhard Bilger, "In Deep",
The Best American Science and Nature Writing に収録

それから,Short(イギリス人研究者)の歯切れのいいアクセントが電話線をとおして割れるように響いた.

　私たち英語学習者は,多様性のある NS の英語の発音やアクセントに魅力や戸惑いを感じながらも,学習時には IPA に準拠した音に固執する必要があります.
　そして,次の段階として,教材を卒業し,どのように英語を話していくかを模索することになります.その際,モデルをどうするのかという簡単そうで大きな疑問が沸き起こります.
　市販の教材の録音を真似し続けるのか,あるいは映画俳優を選ぶのか…,そこで,私個人の例をあくまで参考として紹介します.
　私が英語を話すときのモデルは,ここ 15 年くらい,日系アメリカ人理論物理学者の Michio Kaku 氏です.
　氏の著書も数冊読みましたが,インターネットで閲覧できる講義や講演は,アメリカ人らしいジョークも含めて,私の話す英語の手本になっています.
　理由は 3 つです.

1. 身体的特徴は日本人のそれであること.つまり発声器官は私と同じだろうという推測です.
2. 科学者であること.
3. ベストセラーを書く発信力があり,口頭でのプレゼンにも説得力があること.

　女性の英語話者のモデルは，お亡くなりになりましたが，緒方貞子さんがいい
でしょう．全世界を相手にした彼女の雄弁な英語は，インターネットで参照する
ことができます．ご関心があれば，「Sadako Ogata」で検索してみてください．

　以上，IPAの一部を使った発音の学習法を紹介してきましたが，上述のとおり，
米国で出版されている辞書では，このIPAを採用していないものもあり，イン
ターネットの辞書で単語を調べたときに，異なった記号を目にすることもありま
す．
　私が，IPAを紹介したもう1つの理由は，日本の学校での英語教育，大学受
験試験問題や実用技能英語検定試験の受験参考書などでも国際音声アルファベッ
トあるいはその簡略版を活用している場合が多いからです．
　しかしながら，IPAはあくまで記号であって，発音するのは生身の人間です．
NSでも個人差があり，国や地域でも差異が生じます．記号に縛られ続けるのも
得策ではありません．
　徐々に「習うより慣れろ」に移行していきましょう．リスニングの量と英文音
読の量が増えてくると，自然とIPAを意識しなくても英語らしい発音が身につ
いてきます．この学習時にモデル発話者がいたほうが心強いのは今，述べたとお
りです．
　文章を黙読して理解する行為は，2次元で平面的です．リスニングと音読は，
これを3次元空間へと膨らませるための作業となります．ともに音声をとおし，
脳を刺激するのです．私の経験では，時間はかかるもののいわゆる「英語脳」を
つくるのに最も信頼度の高い学習法だと思います．
　そこで，次の課題がでてきます．英語に聞こえるカタカナことばの落とし穴で
す．このことを念頭におき，IPAを意識しなくても英語らしい発音ができるよ
うになる学習とともに，注意しながら数多いカタカナを上手に活用し，単語を覚
えていきましょう．
　チャプター2では，英語らしい発音を意識しながら，巷にあふれる英語もどき
のカタカナを活用して，英語の語彙力を向上させる学習法を紹介していきます．

表 1.1　ウェブで発音を確認できる英単語・英文一覧

英単語・英文
tragedy　　congratulations
comb　　tomb　　bomb
lamb　　climb
thumb　　coulomb
calculate
Rome　　loam
right　　reap　　fry
light　　leap　　fly
claret　　erection　　election
flight　　fright　　blight　　bright
hat　　cap　　bat　　Thank you.
bank　　bunker
hot　　cop　　bomb
hut　　cup　　cut　　shut　　American
code　　cord　　chord
boat　　coat　　mode　　over
mouth　　month　　theory　　theater
sink　　think　　mother　　father
the　　this　　that
tongue twister
She sells seashells by the seashore. The shells she sells are seashells, I'm sure. So, if she sells seashells on the seashore. Then I'm sure she sells seashore shells.
fire　　feet　　fine　　future　　coffee
violin　　victory　　velocity　　visibility　　vision
legend　　hotel　　bookcase

CHAPTER 2

カタカナを使って語彙力強化

　このチャプターでは，語彙（vocabulary）の効果的な強化方法を紹介します．具体的な方法は，日本語化しているカタカナをきちんとした英語に戻し，覚え直すことです．この点に注目した参考書も出版されるほど，重要な内容です．

　カタカナに依存する傾向は今にはじまったことではありません．有名な昭和初期の探偵小説家，横溝正史は 1952 年の長編小説『女王蜂』で，探偵の金田一耕助に，「犯人はデスペレートになっているんだ」と発言させています．これは，desperate という単語で，「必死になっている」という意味です．

　また著名な物理学者，寺田寅彦は，終戦直後につづった『写生紀行』で，「チューブ」とか「パレット」と口に出して言う小学生をほめる記述をしています．

　このように，時代を少しさかのぼると，大衆文化の欧米化のうねりのなかで際限なく増殖してきたカタカナが，まだ非常に限定的で特殊だった頃を垣間見ることができるのです．

　ところが，国際化からグローバル化へ意識が移る過程で，カタカナの乱用が問題視されるようになってしまいました．日本語で適切に表現できる内容でも，やたらと英単語や，いわゆる「和製英語」を使ったりする人が多くなったからです．

　本書では，この状況を逆手にとって，巷にあふれたカタカナから，英語を学ぶ学習法を紹介します．

　複数のカタカナを取り上げ，英語としての例文を添えて説明します．音声も利用できるので活用してください．紙面の都合で記述できないカタカナについては，「英語工具箱」を参照してください．　　　　　　　　　　　　☞カタカナ

　なお，このチャプターでも文献の紹介や引用があり，前後を――で囲ってこの文字フォントで記載しています．参考の記述としてお読みください．

2.1 カタカナは英語として使わない

まず，最近聞いたり目にしたりすることが多くなったことばからはじめましょう．「サステナブル」という表現です．英単語をあてると sustainable となり，「持続可能な」という意味です．

この単語が頻繁に使われるようになったのは，国際連合が掲げる 17 項目の持続可能な開発目標（Sustainable Development Goals, SDGs）が，注目されるようになったからだと思います．

ここでも発音が注意点です．前のチャプターで学んだように，「サステナブル」の発音では正しい英語の響きにはなりません．「サステイナブル」と〔ei〕の二重母音で覚えてください．

なお，国際連合の公式 HP には，世界の今を伝える英語の情報があふれています．英語力が向上してきたら，定期的に見にいくことをおすすめします．

「サブスク」は，節約志向の人たちの間での流行りことばのようです．このことばを短縮せずに表記すると「サブスクリプション」となります．英語では subscription で，subscribe（定期購読する）の名詞形です．

私にとっては「雑誌の定期購読」という意味で親しみのある表現です．

I subscribe to two monthly magazines, *Scientific American* and *National Geographic.*

私は 2 冊の雑誌を定期購読します．*Scientific American* と *National Geographic* です．

若い人が「サブスク」というときには，レストランなどでの「定額サービス」になると思います．英語では，restaurant subscription, meal subscription あるいは food subscription という表現になります．場所によってサービスの内容は異なるかもしれません．

同じように英単語を短くする事例として，リスケ（reschedule）ということばもあります．

I would like to reschedule the next meeting.

私は次の会合の予定を変更したい．

　日本では，以前から外国語をカタカナ化するときに，なぜか短くする習慣があります．この日本人独特の修正を韓国の社会学者，李御寧は 1982 年に『「縮み」志向の日本人』で解明を試みましたが，時代は変わってもその癖は抜けないようです．

　英語学習上，カタカナことばで留意すべき点は，この恣意的な短縮ばかりでなく，一見英語らしく響くことばが，実は英語としては機能しない場合が多いことです．いわゆる和製英語ということばです．

　カタカナことばを英語として誤認すると，時として意思の疎通上に支障が起こります．

　ここで，いくつかのありえそうな 8 つの具体例を紹介します．日本人技術者 J とアメリカ人エンジニア A の会話という設定です．

1. ニューヨークでホテルへ向かう車中で

　　J： Is there morning service in my hotel?
　　　私のホテルには朝食のサービスがありますか？

　　A： I don't think your hotel provides a church service.
　　　教会の礼拝はないと思うよ．

2. マンハッタンのホテルで車を降りた直後に

　　J： I forgot my west porch.
　　　ウェストポーチを忘れた．

　　A： Are you referring to the west porch of the hotel?
　　　ホテルの西側の入口のことをいってるのですか？

3. マンハッタンのホテルで

　　J： I would like to buy a trainer.
　　　トレーナーを買いたいのです．

　　A： Are you thinking about hiring somebody for your physical exercise?
　　　エクササイズのために誰か雇うことを考えているのですか？

4. マンハッタンのホテルで

　　J： I hope breakfast is biking.

　朝食はバイキングだといいな.

A： Do you want to ride a bike after or before breakfast?
　朝食の後か前に自転車に乗りたいのですか？

5. マンハッタンを歩いているときに

J： I would like to buy a PET bottle of water.
　ペットボトルの水を買いたいのです.

A： Do you want to buy a small bottle for a pet animal?
　ペットの動物用小さなボトルを買いたいのですか？

6. マンハッタンを歩いているときに

J： Is there a Thirty-One near here?
　この近くにサーティワンはありますか？

A： Thirty-one? What kind of store is it?
　サーティワン？　どんな店ですか？

7. 若者のストリートダンスを目撃して

J： Amazing dunce!
　すばらしいダンスです！

A： Dunce? Dance! Right, they're dancing.
　劣ってる？　踊りのことね！　そうだね. 彼らは踊っている.

8. 手帳を見ていて

J： I need new lose leaf.
　新しいルーズリーフが必要だ.

A： Have you lost a leaf?
　用紙をなくましたか？

　誤解の原因は共通しています. 日本人が英語のつもりでカタカナを英語として
使用しているからです.

1. morning service は英語ですが, 教会での朝の礼拝を意味します.
　朝食の特別メニューは, early bird special といったりします.

The early bird catches the worm.

　早い鳥は虫をとる．　⇒　早起きは三文の徳.

に由来する表現です．

2. ウェストは腰ですから，waist〔wéist〕です．ポーチは小物袋の pouch〔páʊtʃ〕で，waist pouch となります．ただし，この英語表現をファッション業界では使っていないようなので，英語の発音をしても通じない可能性があります．ウェブ上の商品カタログから引用します．

　　… from this vast collection of bum bags, fanny packs, …

下線の単語がウェスト・ポーチのことです
ちなみに porch は屋根がついている玄関のことをいいます．

3. 衣服のトレーナーは sweat shirt です．sweat は汗，trainer は訓練をさせる人です．trainers と複数形で発音すれば，スニーカーの意味になります．

4. b と v の発音は異なります．viking は北欧の海賊（Viking）です．smorgasbord という英語もありますが，buffet のほうが覚えやすいでしょう．カタカナの「ブュッフェ」ですが，発音に注意してください．

5. ペットボトルのペットは，化学用語の polyethylene terephthalate の略語で，一般的な英語ではありません．plastic bottle というのが妥当です．

6. 日本でも人気のアイスクリーム店は，看板にも明記してあるとおり Baskin-Robbins が店の名前です．31 はアイスクリームの種類の数でしょうか．31 は，店の名前としては英語では通じません．

7. dance を箪笥（タンス）と同じ母音で発音すると dunce（できの悪い生徒）に聞こえます．発音記号〔æ〕を意識して，「**ダ**ェンス」のように発音しましょう．

8. 小学生でも使うルーズ・リーフは loose leaf で，loose は「ルース」という発音です．「ルー**ズ**」で発音すると lose に聞こえます．

　このように，日常語化したカタカナを英語として使用する際には，仮に日本語でも英語と同じ意味で使用している場合でも，英語の発音をしないと，誤解される可能性が多々あります．

2.2　巷にあふれたカタカナを英語に変換する

　英語学習者は，巷にあふれるカタカナを英語に戻して覚えていけば，短期間に語彙を強化することができます．

　その際の留意点をまとめました．

1. このカタカナは何語から日本語になったのか？
   アンケートはフランス語由来です．英語では questionnaire です．
   ブリキとかトタンも英語以外からの外来語です．
2. 英語としての使用は可能か？
   耳につけるピアスは英語らしい響きですが，英語では earrings です．
   ピアスは pierce（突き刺して穴を開ける）という動詞からきています．
   耳たぶに穴を開けた場合には，

   I had my earlobes pierced.

   と言えばいいでしょう．　　　　　　　　　　　　　　　☛構文
   スバルやメッキのように日本語なのにカタカナ表記される場合もあります．
3. 英語のスペルは？
   英語としてのつづりを確認しましょう．
4. 英語の発音は？
   辞書にでている発音記号で英語の発音を確認しましょう．
   あるいは，インターネットで，単語の後に pronunciation と入力するとその単語の発音を聞くことができる場合があります．
5. 英語の意味は？
   辞書で英語としての意味を確認しましょう．

6. 英語とカタカナの意味の差異は？

　5 をもとに，カタカナとしての意味の違いを確認すると，英語としての誤用が防げます.

　街を歩いたり，テレビやインターネットを見たり，雑誌を読んだりすると数多くのカタカナを聞いたり目にしたりします.「これはどんな意味？」とか，「はじめて見た！」と感じたら，メモをとることをおすすめします. そして，上記の手順で，その未知のカタカナの語源や意味を確認し，英語の単語にたどりついたら発音も含め覚えましょう. その際，和製英語のほかに英語以外の外国語や日本語のカタカナ表記もありますので，ご注意ください.

　ものづくりの現場でもカタカナが多用されていると思います. 工具のナットやボルトは英語としてそのまま nut と bolt になります.

　作業に必要な道具を英語で覚え直す必要はないかもしれません. しかしながら，普段手にとるものを英語で覚えていくと，英語力向上には有効です.

　余談ですが，機械仕掛けの玩具の動力源であるゼンマイは，福沢諭吉が「発条」という漢字を当てましたので外来語かと思っていました. 実際には，その形状により山菜のぜんまいから命名されたのです.「ゼンマイバネ」というのが正しいようです.「バネ」も日本語です.

Coiled springs began to be used in locks around 1,400 years ago, and then early clockmakers applied the springs to clocks to make them smaller and lighter than previous big and heavy clocks.

ゼンマイバネは 1,400 年ほど前に鍵の内部で使われはじめた. そしてそれから初期の時計製作職人が，従前の大きくかつ重い時計よりも，小さくそして軽い時計を作るのに，ゼンマイバネを応用した.

2.3　映画，テレビやゲームのタイトルに注目する

　ここでは，カタカナことばを英語に直す 1 つの事例紹介として，テレビ番組や映画，あるいはゲームのカタカナタイトルに注目していきます. ほかの英語学習書が取り上げないだろうと思われることばからはじめましょう.

「チャギントン」です.

Chuggington is a British children's computer-animated television series, featuring anthropomorphic locomotives.

「チャギントン」は擬人化された機関車を主人公にした，英国の子ども向けコンピュータアニメの TV 番組です.

ここに語彙力強化のヒントが隠されています. 欧米から輸入するテレビ番組，映画の題名の多くは，安易にカタカナ表記されるようになっています.

英語学習の視点からは，楽しみながら，そのカタカナを英語として見直すという一工夫が大切なのです.

Chuggington をよく見ると chug という動詞が使われているのがわかります. chug は汽車などが「シュッシュ・ポッポと走る」ことを意味する単語です.

この児童向けの番組に，あえて和訳の表題をつけるとすると「シュッポ君」でしょうか.

江戸川乱歩の名作短編小説「押絵と旅する男」の英訳版からの引用です.

Soon the train got underway, the locomotive chugging away monotonously as it pulled its heavy load along the deserted seacoast,…
　　　Japanese Tales of Mystery and Imagination に収録（James B. Harris 訳）
汽車は淋しい海岸の，けわしい崖や砂浜の上を，単調な機械の音を響かせて，はてしもなく走っている…（江戸川乱歩の原文）

このように人気の映画や小説のカタカナの題名から英語を調べるだけでも多くの単語を覚えることができ，しかも忘れません.

有名な「ジョーズ」は Jaws です. 原作の小説を早川書房が最初に翻訳出版したときには，表題のジョーズの下に「顎」が付記されたと記憶しています. jaws は jaw の複数形，つまりあごの骨，上下で複数です.

最近は，原作の題名を安易にカタカナに変換するだけの映画が多くなってきました.

「アベンジャーズ」は Avengers（復讐者）ですが，なぜ Revengers でないの

でしょうか. avenge と revenge の意味の差です. ☛語彙力強化単文集

「トゥームレイダー」は Tomb Raider です. raid は少人数での攻撃を意味します. raider はその奇襲攻撃に参加する人です. 音波探知機の radar の発音とは語尾で少し異なります.

「ランペイジ 巨獣大乱闘」のように日本語が付記されていることもあります. 英語の rampage は大暴れの意味です.

ビデオゲームの世界も同じような状況でしょう. ドラゴン・クエスト（Dragon Quest）の quest は探し求めることです. 答えを求める行為は question ですね.

このようにカタカナ英語は, エンタメ（entertainment）にあふれています. English Quest という視点で見ると, 探求心と少しの努力で語彙力強化が可能となる金脈といっても過言ではないでしょう.

2.4　カタカナを英語に再変換

ここからは, よく聞いたり目にしたりするカタカナの一部を, アイウエオ順で紹介していきます. それぞれのカタカナにあてた英文は原則 2 種類あります. カタカナの意味を説明した定義文と, その単語を使ったいわゆる例文です.

その他の数多くのカタカナについては, 「英語工具箱」で英語としての意味を紹介しています. ☛カタカナ

□アウトカム

Outcome is something that comes out as a result.

アウトカムは結果として出てくる何かです.

The outcome of a meeting depends on the number of participants.

会議の結果は参加者数次第です.

□アジェンダ

Agenda is a list of topics for discussion in a meeting.

アジェンダは会議での意見交換のための話題の一覧です.

The director had his secretary distribute the agenda for the meeting to

the members by e-mail.
部長は秘書に会議の議題を電子メールでメンバーへ配布させた.
　　have ＋人＋動詞原形　　　　　　　　　　　　　　　☛構文

□アプリ

Application software in information technology is a computer program designed to help users do their jobs, play games, or enjoy digital activities.

アプリは情報技術では使用者が仕事をしたり，ゲームをしたり，あるいはデジタルの活動を楽しむことを助けるためにデザインされたコンピュータプログラムです.（英語では app と省略）

New application software is very attractive for many smartphone and computer users.

新しいアプリは多くのスマホとコンピュータ使用者には魅力的です.

□アラート

An alert is an urgent message or signal to warn that danger is coming.
アラートは危険がきていることを警告する，緊急の伝言あるいは信号です.

The newly-developed warning device will alert a bicycle rider to an approaching vehicle from behind.

この新しく開発された警告装置は，自転車の運転手に後方から近づいてくる車への注意を促すでしょう.

□オリエンテーション

All the new students must attend several student orientations during the orientation week.

すべての新入生はオリエンテーション週間に複数の学生向けオリエンテーションに出席しなければなりません.

　orientation は，しかるべき方向へ向かわせる，順応させるという意味で，新参者に適切な情報を与えるという意味で使われています.

さて，その方向ですが orient は「東」です．つまり日の出の方向です．
夜明けとともに明るくなると自分の行くべき道が見えてくる，というイメー
ジを orientation は表します．

□クラウドコンピューティング，クラウドソーシング

Cloud computing is a metaphoric Internet-based computer system float-
ing like a cloud in the sky to which users can access their data from a
smartphone, a tablet, a laptop, or a desktop wherever an Internet connec-
tion is available.

クラウドコンピューティングは空中の雲のように浮いているような比喩的な
インターネットに基づくコンピュータシステムで，使用者はインターネット
接続が可能であればどこからでも，スマホ，タブレット，ラップトップあ
るいはデスクトップコンピュータにより自分自身のデータへアクセスできま
す．

Cloud computing enables you to keep data in a remote server (in the
cloud), instead of keeping it on your desktop computer.

クラウドコンピューティングはデータをデスクトップコンピュータにではな
く，（雲の中の）遠くのサーバーに保存することを可能にする．

Crowdsourcing is a productive process in which workers or organiza-
tions receive what they need for their business as services, ideas, and
contents from a larger group of Internet users (crowd).

クラウドソーシングは，より大きなインターネット使用者群（群衆）から，
労働者や組織が自らの仕事に必要なサービス，アイディア，そしてコンテン
ツを受け取る生産的な過程です．

Crowdsourcing could provide a company with a new, productive, and
competitive idea which its employees cannot imagine.

クラウドソーシングは，ある会社にその従業員が想像できない，新しく生産
的でかつ競争力のあるアイディアを与える可能性があります．

　クラウドコンピューティングとクラウドソーシングの「クラウド」はカタ

カナで見る限り，そのことばの違いが消えてしまいます．これがカタカナの大きな欠点の一例です．

□コアコンピタンス，コアコンピテンシー（同義語）

Core competence means a unique and very remarkable strength, which a company has to keep much more competitive than other competitors, to provide customers with inimitable benefits.

コアコンピタンスは，顧客に比類ない恩恵を供給するために，競合他社に負けない位置を維持するのに，会社が持つユニークで非常に顕著な力を意味します．

The core competency of Company X is reported to be "providing end users with clear satisfaction".

X社のコアコンピテンシーは「エンドユーザーに明確な満足を与えている」ことと報告されています．

　core はリンゴの芯（the core of an apple）の意味から，あることの重要な核心部分という意味でも幅広く使われます．　　　　☛語彙力強化単文集

□コーンフレーク

Corn flakes means a packaged breakfast cereal in the form of small toasted flakes made from corn.

コーンフレークは，トウモロコシを焼いて作った小片になった朝食の袋詰めされたシリアルを意味します．

　シリアル（cereal）の発音は serial（一連の）と同じ〔síəriəl〕です．

---

　flake といえば,中谷宇吉郎が随筆「雪雑記」のなかで,次のように書いています．

…分離した結晶のほうは snow crystal，牡丹雪のように沢山の結晶が集まった雪片は snow flake ということにして置いた．

　　　　　　　　　　　『中谷宇吉郎随想集』に収録

□ジェットコースター（和製英語）

A rollercoaster is a very thrilling, exciting and NASA-training like ride that runs up and down along a wavy and twisted track in an amusement park.

ジェットコースターは，遊園地で波うってよじれた軌道を上へ下へと走る，スリルがあって興奮する NASA の訓練のような乗り物です．

A rollercoaster is a Mobius strip ride.

ジェットコースターはメビウスの輪の乗り物です．

□チャージ

状況で意味が変わることばです．

電荷の説明です．

Electric charge is a basic property of negatively charged electrons and positively charged protons which attract each other.

電荷は相互に引き合う，マイナス電気を帯びた電子とプラス電気を帯びた陽子の基本的な特性です．

テーブルチャージ（和製英語）では支払いが発生します．

Some gorgeous bars in the city have a cover charge, which requires extra payment.

街の豪華なバーはテーブルチャージがあり，余計な支払いを求めます．

充電のチャージです．

Plugging my smartphone in to charge overnight is my last job for the day before I go to bed.

一晩で充電するためにスマホを差し込むのが，寝る前のその日の私の最後の仕事です．

チャージを現金追加の意味で使いますが，英語ではどうでしょうか．

The Suica can be loaded up to a maximum of 20,000 yen at Automatic Ticket Vending Machines and Fare Adjustment Machines displaying the Suica mark.

スイカは，スイカのマークが表示されている運賃精算機か自動切符発券機で，
最大 20,000 円までチャージできます．

　JR の公式 HP での案内の引用です．charge という単語はでてきません．
電子マネーへの金銭補充には load を使います．

◆ is a touch-and-go card for train rides and shopping with reloadable
function.

◆は列車に乗るためや買い物のための再チャージ可能な機能のある接触させ
て使うカードです．（◆にお使いのカード名を入れてください）

　突進するという意味でも使います．

Five police officers charged the suspect.

5 人の警察官が容疑者に突進した．

□ディナー

Dinner means the largest and well-prepared meal of the day, which
many eat in the evening.

ディナーはその日の最も大きくてよく準備された食事で，多くの人々は夕方
に食べます．

　昼間にとるその日で重要な食事の意味にもなります．

The schedule says that the welcome dinner starts in the main dining hall
at 13:00.

スケジュールによると，歓迎昼食会はメインダイニングホールで午後 1 時に
はじまります．

　時短好きのアメリカ人が発明したのが TV ディナーです．

TV dinner means a prepackaged frozen meal for a quick dinner to be
heated in a microwave oven and be served to a TV tray table.

TV ディナーは，電子レンジで温めて TV の近くのテーブルに置く，手短か
な食事のためのあらかじめパックされた冷凍の食事を意味します．

□デッドロック

Deadlock is an unfavorable condition in which expected progress in finding a solution is stopped.

デッドロックは，解答を探しているときに期待している前進が止まってしまう，好ましくない状況です．

　イギリス英語では deadbolt です．　　　　　　　　　　☞英語・米語

　IT 用語としても使用されているようです．

Deadlocks sometimes happen in multiprocessing systems or similar systems in which software and hardware locks are used for sharing resources and conducting process synchronization.

デッドロックは，目的達成のリソースの共有とプロセスの同期を実施するために，ソフトウェアとハードウェアのキーが使用されるマルチプロセッシングシステムあるいは似たようなシステムで時々発生します．

　「暗礁にのり上げる」という和訳でもいいのですが，「岩」からの連想でデッドロックは dead rock と信じている人もいるようです．しかしながら，それは一般的な英語表現（文学を除いて）ではありません．そもそも生命体でない rock を死んでいる（dead）と形容するのは不自然です．

　ロックといえば，都市封鎖がロックダウンと表現されましたが，本来は鍵をおろせる建物などを対象に使うべき単語で，人々が外に出て危険な目にあわないようにするという意味です．

The principal has decided to put the entire school on lockdown because wild bears have been sighted.

校長は，野生の熊が複数目撃されたので，学校から誰も出さないように策を講じることを決定した．

　最近では都市を対象にした lockdown が注目を浴びました．

Italy has been put under a dramatic total lockdown, as the coronavirus spreads in the country.

国内でコロナウイルスが拡大するなか，イタリアは突然に全土が封鎖されました．

□バイアス

Bias means that a person prefers an idea based on his or her limited ex-

perience only without thinking about other options very much.

先入観は，人が自分の限られた経験にだけに基づき，ほかの選択肢をほとんど考えずにあるアイディアを好むことを意味します.

統計学の用語でもあります.

Bias is an overestimation or underestimation of a parameter in statistics.

バイアスは統計における母数の過大あるいは過小評価です.

A bias of observers sometimes influences the outcome of an assessment.

観察者の先入観は，時として評価の結果に影響を及ぼします.

□パイロン

A pylon is a tower structure to support suspension bridges or highways, and a cone-shaped marker placed on roads or walkways to control traffic is called a traffic pylon.

パイロンは吊り橋あるいは高速道路を支える塔の形の構造物で，交通整理のために道路や歩道に置かれる円錐形の目印は交通パイロンと呼ばれます.

カラーコーンは和製英語です. traffic cone あるいは road cone ともいいます.

Traffic cones are often used during road work or other situations requiring traffic control or advance warning to prevent traffic accidents.

カラーコーンは，道路での作業中に，あるいは交通の制御とか交通事故を防ぐための事前警告が必要なほかの状況で使用されます.

アイスクリームのコーン（a cone of ice cream）も円錐形の cone〔kóun〕を使います. corn と誤解している人がいるようです.

□バカロレア

高等教育のグローバル化で最近話題になる大学の入学資格です.

"Baccalauréat" means an internationally recognized program of study with different subjects to enter a university.

「バカロレア」とは，大学に入るためのさまざまな科目を持った国際的に承認された学習プログラムを意味します.

If you have completed the International Baccalaureate Diploma, you can find necessary information on our admission requirements and transfer credit on this page.

もし国際バカロレアを修了しているのなら，このページで本学の入学要件と単位認定についての必要な情報が見つかります．

□フェイント

A feint is an attack in an unexpected manner.

フェイントは予想されない方法での攻撃です．

The tennis player is good at deceiving her opponent by conducting feints.

そのテニスプレーヤーは，フェイントをかけて対戦相手をだますのが上手です．

　時として，ゆるいボールを返すことも多いので，フェイント＝緩い動作という誤解が生まれました．英語の feint は相手が想定していると思われることと違う動作で攻撃するという意味です．

　同じ発音で faint（薄い，ぼんやり，気を失う）という単語があり，よく混同されます．　　　　　　　　　　　　　　　☛酷似単語

□ボウリング，ボーリング

　球技は bowling〔bóʊlɪŋ〕です．

Let's go bowling after school.

放課後にボウリングに行こう．

　掘削は boring〔bɔ́ːrɪŋ〕で，「退屈な」と同じスペルで同じ発音です．

Boring technology requires several operations to cut a hole through the earth and put a round pipe into the hole.

掘削技術は地面に穴を掘り，その穴に丸いパイプを入れるのに複数の作業を必要とします．

□マイナスドライバー

　　マイナスドライバーとプラスドライバーは和製英語です.

A screwdriver often means a flat-head screwdriver.

ネジ回しといえば，たいていマイナスドライバーです.

A Phillips head screwdriver is a type of screwdriver whose tip has a
crisscross or X pattern on it.

プラスドライバーはネジ回しの一種で，先端に十字かXの文様があるもの
です.

□マグ

Mug is a large deep cylindrical cup with a handle for hot drinks like cof-
fee and hot chocolate, and etc.

マグはコーヒーやホットチョコレートのような熱い飲み物のための，とって
つきの大きく深く円筒形のカップです.

　　カフェで使う「マグカップ」という呼称は和製英語です.

Which is an eco-friendlier approach to enjoy coffee at a café, in a mug or
in a paper cup? Mugs require water every time they are washed, while
paper cups are thrown away.

カフェでコーヒーを楽しむのに，より環境にやさしい方法はマグですか，紙
カップですか？　マグは洗うのに水を使います，一方，紙カップは捨てられ
ます.

□ロケット

A locket is a pendant which has space inside to keep a very important,
memorable and affectionate photograph.

ロケットは，大切で記念となる愛情がこもった写真を内部に入れておくペン
ダントです.

小説からの引用です．

There was a silver chain around Montana Wildhack's neck. Hanging from it, between her breasts, was a locket containing a photograph of her alcoholic mother….

Kurt Vonnegut, *Slaughter House Five*

Montana Wildhack の首の周りに銀色の鎖がかかっていた．そこから乳房の間に下がっていたのは，彼女のアルコール中毒の母親の写真を入れたロケットだった….

Rocket means a pen-shaped vehicle to leave Earth for outer space, and it also means a type of engine to produce great power by turning the fuel into hot gas.

ロケットは地球から宇宙へ向かうためのペンのような形の乗り物を意味します．また，燃料を熱いガスに変えることで大きな力を生む一種のエンジンも意味します．

Savinien de Cyrano de Bergerac, a French author, in the 17th century produced an SF work to describe a rocket flying to the Moon.

17 世紀のフランスの作家シラノ・ド・ベルジュラックは，月へ飛んでいくロケットを描いた SF 作品を作りました．

Rockets are used to launch satellites at incredible speeds into the orbit.

ロケットは，衛星を驚くような速度で軌道へと打ち上げるのに使われます．

2.5 カタカナ番外編（カタカナを外国へ !?）

　新しいサービス，ファッション，商品を売り出す場合，その名称がとても重要でしょう．その際，ことばの響きとか見た目のやさしさでカタカナが多用されるようです．この着眼は悪くはないと思います．しかしながら，そのカタカナ呼称が日本で受け入れられても，また，英語のカタカナ化であっても，英語圏でも同じように好感を持たれるという保証はありません．

　単語には，意味を表す定義（definition）のほかに，含蓄，つまりそのことばから受ける人々の印象がついてまわります．英語では，これを connotation といいます．

　たとえば，カタカナで「オーク」と書くと，大木の oak〔óʊk〕のことだと思います．英語の oak は，簡単にいうと樹木の楢のことです．一般的に英語圏の人々の多くは，この木から，創造とか安定を思い浮かべるようです．

　著者の論文 "Alice in Antiworld" からの引用です．

Throughout the British history oaks were crucial for shipping and building. "In that oak-hard boat" mentioned in *Beowulf* conveys current readers their tangible value in ancient times, which was also the roots of the symbolism. The oak was recognized as the national tree of England, …

英国の歴史をとおし，オークは造船と建築に不可欠だった．『ベオウルフ』に記述された「あのオークの固い船」は，現代の読者に古代の明白な価値を伝えている．それが，（オークの）象徴の元にもなった．オークはイングランドの国の木として認められ，…

　つまり，オークという呼称は英語圏で oak というスペルで表記しても，肯定的，前向きな印象で受け入れられることになる可能性が高いということです．

　一方，日本人の一般的な感覚が理解されない単語もあります．寿司はすでに「世界食」になったようですが，米国では相変わらず「蛸」に躊躇する人もいるようです．品書きの octopus のところに challenging と付記してあるのを見たことがあります．蛸は別名，devil fish（悪魔の魚）だからでしょう．

　米国の怪奇小説作家ラヴクラフトが創造した古の地球に君臨した化け物も，ず

ばり，蛸のイメージです．のたうつ触手が不気味です．

　あくまでも仮定ですが，日本で「オクトパス」として売れる商品があったとします．それを，英語圏でも octopus として販売するのは避けたほうがよさそうだという話です．octopus の connotation は「禍々しさ」です．

　余談ですが，ラヴクラフトが想像した神話世界を Cthulhu Mythos と呼称しているので，怪奇小説好きのために，逆転の発想で Cthulhu Roll（クトゥルフ巻）という寿司を売り出すと，カリフォルニアあたりでは受けるかもしれません．

　この connotation という心象は，常に同じ方向を向くわけではありません．黒の black は，「悪」の印象が多い一方，最近の black Friday では，小売店の積極的な販売戦略の標語となっています．黒字を期待するからです．ところが，株の売買に関心がある方は，black Monday からは株価の下落を思い出すはずです．

　日本での人気商品が，カタカナの英語表記を誤ったために，同じ商品でありながら，海外での販売名称を変えざるをえなかったという事例は，関連書籍でいくつか確認してきました．過去の事例に学ぶことは大事かと思いますが，本書での引用や紹介は控えることにします．関心のある方は，インターネットなどで検索してみてください．

　新しいカタカナ名で新規事業や新製品を開発される場合には，英語で表記した場合の印象などを充分に調査されることをおすすめする次第です．

CHAPTER 3

接頭辞・接尾辞

3.1　接頭辞・接尾辞とは

　語彙力を強化するもう1つの視点を紹介します．このチャプターでは，単語の意味を規則的に変容させる接頭辞（prefix）と接尾辞（suffix）の代表的なものを，引用なども加え紹介していきます．

　英語を学習する際に，よく使う単語は記憶に残ります．その過程で，無意識に接頭辞と接尾辞も覚えていくのが自然な流れでしょう．

　「アンフェア」は日本のテレビドラマにもかかわらず，英語の unfair という単語が表題としてでてきます．これは「不公平な」という意味で「公平」を意味する fair に un という否定の接頭辞がついたことばです．単語の頭につくのが，接頭辞で，この un がその一例です．

　また，teacher は teach する人で，play する人が player だと学んだ後は，programmer が program を作る人だということが容易に想像できるようになります．この er が接尾辞の1つなのです．

　同じスペルでありながら，接頭辞にもなり，接尾辞にもなる語句もあります．en という表記です．名詞あるいは形容詞の先頭あるいは語尾にくっつき，その単語を動詞に変えるという働きをします．具体的に見ていきましょう．

　まず，接頭辞としての en です．

My eyesight is poor. I have to make the letters on the monitor large.
私の視力は弱い．モニター上の文字を大きくしなければならない．

　ここでは「大きくする」を make という動詞と large という形容詞を組み合わせて表現しています．large の頭に en をつけると enlarge（大きくする）という

動詞ができあがります.

My eyesight is poor. I have to <u>enlarge</u> the letters on the monitor.
私の視力は弱い. モニター上の文字を大きくしなければならない.

次は接尾辞としての en です.

This toothpaste makes your teeth white.
この歯磨きはあなたの歯を白くします.

white の後ろに en をつけると, whiten (白くする) という動詞ができあがります.

white + en = whiteen　⇒　whiten

This toothpast <u>whitens</u> your teeth.
この歯磨きはあなたの歯を白くします.

　以上のように, 接頭辞と接尾辞で動詞を作る場合もありますし, 品詞は変わらず, 意味が変わる事例も多くあります.
　次のセクションでは, 接頭辞と接尾辞のそれぞれの代表的なものを学んでいきます.

3.2　接頭辞

ここでは，代表的な接頭辞を，例文を添えてアルファベット順で紹介します．

□ anti-　反対である（カタカナでは「アンチ」と表記）

The store is planning to introduce a new antishoplifting system.

その店は，新しい万引き防止システムの導入を計画している．

□ auto-　自動の

The photographer does not use an autofocus camera.

その写真家は，自動焦点カメラを使わない．

□ circum-　周りの

Do whales circumnavigate the oceans?

鯨は海洋を周遊しますか？

□ co-　一緒に

Do you think the day will come when monkeys coexist with people in a big city?

大都市で人と猿が共存する日がくると思いますか？

□ de-　離す

This software features several debug functions.

このソフトはいくつかのプログラム修正（バグをとる）機能を特色としている．

□ dis-　反対方向の

There are some presidents who disrespect very old engineers.

高齢の技術者を尊敬しない社長が何人かいます．

　日本語の「ディする」は disrespect の省略です．この勢いだといずれ日

本語として定着するでしょう.

□ en-　動詞に変換

The arrogant, egotistic and lordly president enslaves his employees.
その傲慢で，自己中心的で，横柄な社長は自分の従業員を奴隷にする.

□ extra-　範囲を超えて

Many students like participating in extracurricular activities.
多くの学生が課外活動に参加することが好きだ.

□ hetero-　異なった

Countries like Canada and the United States are heterogeneous societies with different cultures, racial groups and religions.
カナダや米国のような国は，異なった文化，人種そして宗教をかかえた異種的な社会である.

□ homo-　同一の

A homogeneous culture is a society comprised of people of the same race.
同一文化は，同じ人種からなる社会である.

□ hyper-　超える

Robots in manufacturing should be hypereffecnt.
ものづくりのロボットは高度に能率的であるべきだ.

in-, im- は「否定」と「中へ」と意味が2つあるので要注意です.
□ in-, im- 否定

An inconsiderate bike rider might cause a serious accident.
思いやりのない自転車運転者は重大な事故を起こすかもしれません.
I do not understand why some people want to be immortal.

なぜ<u>不死</u>を望む人がいるのかがわかりません.

☐ in-, im- 中へ

A microphone is <u>incorporated</u> in this wrist watch.

小さなマイクがこの腕時計に<u>組み込ま</u>れています.

The country still requires every visitor to submit a paper <u>immigration</u> card.

その国は,いまだにすべての訪問者に紙の<u>入国</u>カードを提出するように求める.

☐ macro- 大きな

Astrophysics is a study to examine the formation of <u>macrocosmos</u>.

宇宙物理学は<u>大宇宙</u>の形成を調べる学問だ.

☐ micro- 小さな

A human body is a <u>microcosmo</u>.

人間の身体は<u>小宇宙</u>である.

☐ non- 〜しない

The infectious disease makes patients suffer from <u>nonstop</u> coughing.

その感染症は患者を<u>止まることのない</u>咳で苦しめる.

☐ omni- すべての

The Internet creates an <u>omnipresent</u> knowledge space.

インターネットは<u>どこにでも存在する</u>知識空間を創造する.

☐ post- 後の

The novelist <u>postponed</u> the publication of her new novel until she returned from abroad.

その小説家は外国から帰るまで,新しい小説の出版を<u>延期した</u>.

☐ pre- 前の

Decision makers should avoid a preposterous proposal.

意思決定者は本末転倒の提案を避けるべきだ.

　「後ろ（post）にあるはずのものが前（pre）にきている」という意味の単語です.

☐ trans- 向こうへ

Trains are the most reliable public transportation in big cities.

列車は大都市において最も信頼できる公共交通機関だ.

☐ tri- 3つの

I enjoyed reading a science fiction novel titled _Triplanetary_.

私は『三惑星連合』という題名の SF 小説を読むのを楽しみました.

☐ un- ～でない

Mars is still an uninhabitable planet.

火星はまだ住むには不適切な惑星だ.

　inhabitable と habitable は，両方とも「住める（棲める）」の意味です. inhabitable の in は「中に，中へ」を意味する接頭辞です.

☐ uni- 1つの

"Unified field theory" sounds simple, but it is not.

「統一場理論」は簡単なように聞こえますが，そうではありません.

3.3 接尾辞

ここからは接尾辞の紹介になります.

□ -acy 状態

Some doctors say that drinking alcohol keeps you healthy, but that is a widespread fallacy.

アルコールを飲むと健康でいられるというのは,広まってしまった誤りだと何人かの医者はいう.

□ -ance 状態

The team of engineers is proud of the assurance of their high-quality products.

そのエンジニアのチームは,彼らの高品質製品の確かさに誇りがある.

□ -en 動詞に変換

Drawing pictures strengthens cognitive performance of the aged.

絵を描くことは高齢者の認知能力を強くする.

□ -er, -or 行為者

Waiters and waitresses are called servers from the view point of gender equality.

ウェイターとウェイトレスは性の平等の視点から給仕係と呼ばれます.

The terminally ill patient agreed with the donor contract.

その末期患者はドナー契約に同意した.

□ -ful 満ちた

Some resentful faces among passengers were witnessed on the train while the train operation was suspended for a long time.

列車の運行が長い間止まった間,車内では乗客のなかでいくつかの憤慨した

顔が目撃された.

☐ -fy　動詞に変換する

The web designer drew a sketch on paper to clarify her understanding.
ウェブデザイナーは彼女の理解を明確にするために，紙にスケッチを描いた.

☐ -ism　考え，信念

The idea of narcissism originated from Greek mythology, where a young man named Narcissus fell in love with his own image reflected in water.
ナルシシズムは，ギリシャ神話で，水面に映った自分自身の像に恋してしまったナルキッソスという若い男性に由来する.

☐ -ity　質

The newspaper reporter challenged the suspect's veracity quoted in the TV program.
その新聞記者は，テレビ番組で引用された容疑者の話した内容の信憑性を疑った.

☐ -ize　動詞に変換

Katakana is a Japanized English word system.
カタカナは日本語化した英単語の体系です.

☐ -less　なし

AI will make our life stressless.
人工知能が私たちの生活をストレスなしにするでしょう.

☐ -ment　状態，状況

The group of professors realized that they would need endorsement from the powerful students' union to reject the relocation of their campus.

教授のグループは，彼らのキャンパス移転を拒否するために，力のある学生組合の<u>支持</u>が必要だと理解した．

□ -ness　状態

Busy customers think highly of <u>promptness</u> of service.

多忙な客はサービスの<u>迅速性</u>を高く評価する．

□ -phobia　恐怖症

phobia という接尾辞は，特定の事象や動物に対する恐怖心を表現します．

acrophobia（高いところが怖い）

aerophobia（飛ぶのが怖い，飛行機旅行はダメ）

agoraphobia（広いところが苦手）

arachnophobia（蜘蛛が怖い）

claustrophobia（密閉空間はだめ）

xenophobia（知らない人とか外人は苦手）

zoophobia（動物は嫌い）

□ -ship　関係性に基づく状態，特性

メンバーシップやインターシップの語尾は ship というつづりです．「船」とは無関係ですが，「同じ船に乗った仲間で，船の揺れも共有し，目的地も一緒」のイメージで考えるのも悪くないでしょう．

friendship（友情）

hardship（苦難）

internship（研修生の身分）

leadership（指導力）

membership（会員の身分）

ownership（所有権）

partnership（提携）

relationship（関係）

scholarship（奨学金）

　　　sponsorship（後援）

□ -wise　方法，方向
　　　右回りは時計の針の動く方向で，左回りはその逆です．
　　　clockwise（右回り）　⇔　counterclockwise（左回り）
　　　名古屋の市営地下鉄名城線（環状線）では，この英語を使って回る方向を
　　明確にしています．

　最後に，2つ以上の単語を合体させて作る合成語（compound word）について，
簡単に説明します．
　製品や商品の付加機能を明示する際に proof をつけた単語がその一例です．
proof には「〜に耐える」という意味があるので，これを bullet（弾丸）という
単語に合体させると，bulletproof（防弾の）という単語ができあがります．
　同じような手順でできた合成語はものづくりの現場でよく使われると思います．

　　dustproof（防塵の）
　　fireproof（耐火の）
　　foolproof（馬鹿な使用を防ぐ　⇒　誰でも簡単に使える）
　　ratproof（ネズミからの害を防ぐ）
　　rustproof（錆を防ぐ）
　　soundproof（防音の）
　　waterproof（防水の）

　合成して作られた表現が普及していない段階では，binge-proof（暴飲暴食防止）
のように，接合部分にハイフンが見えています．多くの人々が，その単語を使う
ようになると，ハイフンは消えていくことになります．
　また，brunch（breakfast + lunch），prosumer（producer + consumer），cineplex
（cinema + complex）のような「カバン語」と呼ばれる合成語もありますが，専
門的な分類はさておき，2つあるいは3つの単語が融合して新語が創造されるこ
とは，語彙の学習時に注目すべき現象です．
　その他のカバン語と合成語は，「英語工具箱」で参照してください．

CHAPTER 4

火星を目指して

SF 物語で学ぶ文型と英文法

　最初に，このチャプターの構成と趣旨を説明します．このチャプターでは架空の物語を読んでいただくことになります．

　宇宙に魅せられた子どもが，訓練を積んで火星の探査と開発に携わるようになるという話です．主人公は，火星へ派遣される宇宙飛行士になるために英語を学びました．この経験を回顧する場面，そして火星での業務で使う英文を読むことで，皆さんは基本的な英文法と文型を再学習することになるわけです．

　学習する内容は，大きく分けて，五文型，時制，品詞の 3 項目です．品詞は主人公の選択で 8 種類にしています．主人公の視点をとおし，日本人の学習者として覚えるべき内容が整理され紹介されています．

　「物語」という英語の参考書には似合わない形式をとったのは，文法の規則，時間感覚による動詞の変化などを，主人公の経験，記憶，感情，そして火星での生活をとおして，生きたことばの機能として感じていただきたいからです．

　話のところどころに，主人公が読んだ文献から関連する英文が紹介されています．この引用部分は，前後を――で囲ってこの文字フォントで記載しています．参考情報としてお読みください．

　また，物語にでてくるいくつかのことばには，対応する英単語の名詞を（ ）で併記しています．語彙力強化の一助とするためです．

　ウェブ上の「英語工具箱」への参照項目については，ほかのチャプターと同じように☞の記号で明示してあります．

　それでは，物語のはじまりです．

4.1　五文型

　物語は，20XX 年の 15 火星月，火星のブルーノ地下基地（Bruno Underground Base）からはじまる．

　ミツキは 1 日の任務（assignment）の後，夕食を済ませてから，居住区（residential section）の自室へ戻った．時刻は 20 時 25 分．もちろん火星時間だ．基地の主要部分はすべて地下に設置されている．隕石（meteorite）の直撃を避けるためである．

　初期の南極大陸（the Antarctic Continent）観測隊（research expedition）よ

りも快適な環境（environment）で生活していることは間違いない．気晴らしの設備（recreational facility）も整っている．

　しかしながら，精神的にも肉体的にも，外気（outer air）に顔をさらせないことが火星での大きな障害（obstacle）だ．空気を肌でじかに感じられない以上，火星には季節感はない．物理的な時間の経過があるのみである．

　就寝時になると，無機質なベッドで，幼かった頃に自宅の庭から見上げた夜空を思い出す．

　ミツキは幼児期（childhood）に，宇宙の絵本（a picture book of the universe）をよく見ていた．3歳のときにもらった父親からのクリスマスプレゼントだった．

　幸い，郊外の丘陵地帯（hilly countryside）に住んでいたおかげで，都会の光害（urban light pollution）の影響（influence）はほとんどなく，時々，日没（sunset）後に庭に出ては，暗い夜空を見て，星々の輝き（twinkles of stars）を見つめていた．望遠鏡（telescope）がなくても充分に楽しめた．

　「宇宙はどうしてできたの？」ミツキの無邪気な質問に，父親は苦しまぎれの回答（reply）をした．「クリスマスをはじめた神様が作ったんだよ．だから，サンタクロース（Santa Claus, Father Christmas）は夜空のむこうから来るんだ」

　小学校（elementary school, primary school）の図書室（library）で，旧約聖書（The Old Testament）の天地創造の話（creation myth）を見つけたのは4年生のときだった．もうサンタクロースを信じてはいなかったが，父親の回答と同じことが書いてあったのが嬉しかった．

　火星での1日はおよそ24時間39分．地球時間とほぼ同じだ．時計のデジタル表示（digital indicator）は地球と同じである．差の39分は，深夜零時で調整される．つまり，日が変わる時間で時計の動きが約39分間停止するのである．時間が止まる奇異な瞬間を関係者は「凍った時間」（Frozen Time）といっている．

　ミツキは壁時計（wall clock）を見ながら，手を動かした．個人的な記録を携帯端末（portable device）に電子ペン（digital pen）で書き込んでいく．

A new day started. I am excited about the new mission. I surveyed a new route to Valles Marineris today. It will give us a comfortable ride. The next mission will make us more ambitious.

　　新しい日がはじまった．私は新しい任務に興奮している．マリネリス峡谷へ
　　の新しいルートを調べた．それは私たちに心地よい運転を与えるだろう．次
　　の任務は私たちをもっと意欲的にするだろう．

　ミツキは個人の日記（diary）を書き終えて苦笑した．無意識に五文型をその
順番どおり書いたからだ．英語の学習が一気に楽になったと実感した頃を思い出
した．五文型を理解したときだった．

　ミツキには中学校で習った「五文型」は，最初は信じ難かった．「5つの短い
文が英語の文型のすべてなの！？」しかし，この疑問も，宇宙の創造と重ね合わ
せると，一気に解決できた．五文型は，宇宙創造そのものだということがわかっ
たからだ．英語もビッグバンで誕生したのだ．教科書の例文を，辞書（dictionary）
を片手に自分のノート（notebook）では書き変えた．

　ミツキは今でも，当時ノートに書いた英文を暗唱できる．

　1. It exploded.　（主語＋完全自動詞：動詞1つで意味を伝える）
　2. It was powerful.　（主語＋不完全自動詞＋補語：意味を補うことば）
　3. It created universe.　（主語＋他動詞＋目的語：動作の対象になることば）
　4. It gave universe energy.　（主語＋他動詞＋目的語＋目的語）
　5. Scientists found universe expanding.　（主語＋他動詞＋目的語＋補語）

　1. それは爆発した．
　2. それは力強かった．
　3. それは宇宙を創造した．
　4. それは宇宙にエネルギーを与えた．
　5. 科学者は宇宙が膨張しているのを見つけた．

　主語は Subject，動詞は Verb，目的語は Object，補語は Complement という
英文字のイニシャル（initial）で表現される．だから五文型は常に次のようにコー
ド化される．

　1. SV
　2. SVC

3. SVO

4. SVOO

5. SVOC

　動詞は自分だけの動きを表す自動詞 Vi（verb intransitive）と，ほかの人や物を巻き込む動作を表す他動詞 Vt（verb transitive）に分けられることも覚えた.

　ミツキは日常的な場面も五文型で説明してみた. 英語が一気に身近な存在になった. ミツキはノートの続きも思い出せる.

夜明（dawn）

1. Sun rises.　　太陽が昇る.

2. I am awake.　　私は目覚めている.

3. I have breakfast.　　私は朝食をとる.

4. Food gives me energy.　　食物は私にエネルギーを与える.

5. Breakfast makes me active.　　朝食は私を活発にする.

日没（sundown）

1. Sun sets.　　太陽が沈む.

2. I am sleepy.　　私は眠い.

3. I make bed.　　私はベッドを整える.

4. Sleep gives me rest.　　睡眠は私に休息を与える.

5. Rest makes me refreshed.　　休息は私を回復させる.

　五文型で伝えられる朝と夜の様子は，火星に来てからも同じなのだ. ミツキは考えてみた. 太陽の動きと人間の一連の動作は，原始時代（primitive age）から不変である. 火を最初に使ったといわれている北京原人（Homo erectus pekinensis）の生活を想像してみた.

1. Sun appeared.　　太陽が出た.

2. I was hungry.　　俺は腹ペコだった.

3. I grilled fish.　　俺は魚を焼いた.

4. I gave children fish.　　俺は子どもたちに魚を与えた.

5. **Children found fish delicious.**　　子どもたちは魚がおいしいと見つけた.

　人類の進化（evolution）の過程で, 直接の祖先であるホモサピエンス（Homo sapiens）が誕生した. 彼らは発見（discovery）, 発明（invention）, 移動（migration）を行い, 文明（civilization）を進歩させ, 文化（culture）をつくりだすとともに, 理解すべき知識（knowledge）や情報（information）量を増やし, 生活を複雑にしていったのだろう.

　文明の進歩の過程（process）で, 表現する語句（phrase）もおびただしい数になった. 英文も長くなるのは当然だった. 説明する補足のことばが増えれば, 英語の文章も長くなって当然だということが, ミツキは納得できた.

　ミツキはそこで考えた. しかし, どんなに長くあるいは複雑になっても, 五文型は英文の核（core）として文章のなかに埋め込まれているはずだ. 長い文書を理解するときには, 知らない単語を辞書で調べるだけでなく, 五文型の要素（element）を見つけ, 隠れた単純なメッセージがわかれば, 英文解釈（interpretation）も楽になるに違いない. ミツキは, 英文を読むときのコツを見つけたと思った.

　日記とは別に, 毎日書く公式の日報でも, この五文型の知識が役に立つ. 読み返すと, 1〜5の文型が見えてくる.

　A new day started as usual. I was ready to go after breakfast. I was excited about joining a new mission. It was to confirm the safest route to reach the northern edge of Valles Marineris. I found a new route during the mission and surveyed it. It was a detour, but it will give us a comfortable ride. Driving along the new route will make our future rides less bumpy. The mission next week will make us more ambitious and stress-free.

　新しい1日がいつものようにはじまった. (1)　私は, 朝食の後, 行く準備はできた. (2)　私は新しい任務に参加するので興奮していた. (2)　それは, マリネリス峡谷の北側の縁に到着するための最も安全なルートを確認することだった. (2)　私は, 新しいルートを見つけ, そしてそれを調査した. (3)　それは遠回りだった. (2)　しかし, それは私たちに心地よい運転を与え

るだろう．（4） 新しいルートに沿っての運転は，これからの乗車を揺れが
ないようにするだろう．（5） 次の任務は，私たちをもっと意欲的にし，そ
してストレスをなくすだろう．（5）

4.2　時間の矢（時制）

　時間調整（time adjustment）のため，火星ではアナログ時計（analog clock）
の文字盤（dial plate）を使わない．すべてデジタル表示である．
　10億分の1秒（nanosecond）単位での正確さで，時の流れを告げる表示を見
つめていると，時間の不思議さに魅了される．ビッグバンは，五文型という情報
の型とともに，時間自体も産み落したことが実感できる．
　時間は過去（past）から今（present）を経て未来（future）に向かって流れ
ていく．ミツキは，宇宙物理学（astrophysics）で学んだ「時間の矢」（arrow of
time）という比喩（metaphor）を思い出していた．

Our subjective sense of the direction of time, the psychological arrow of time, is
therefore determined within our brain…

Stephen W. Hawking, *A Brief History of Time*

我々の主観的な時間の方向である心理的な時間の矢は，故に我々の脳の中で決定
され…

　英語では「時制」という枠組み（framework）のなかで，動詞を変化させるこ
とで物理現象である時間の諸相を表現することを，ミツキは学んだ．
　「時制」は英語では tense である．ロープなどが左右から力強く引っ張られて
いて，たるんでいない状態を表す単語だ．これが英語での時間感覚になる．曲が
らずに飛ぶ矢の直線軌道（straight line trajectory）そのものだ．
　学生時代に，ミツキはその起源を求めて，時間をさかのぼり，「過去形」のは
じまりにたどりついた．そこにはビッグバンがあった．

（1）変えられぬ記録（過去形）

The Big Bang created the universe 13.8 billion years ago.
ビッグバンが宇宙を 138 億年前に創造した．

この文章が世界で一番古い過去形だ．ミツキは少々興奮した．

In the beginning God created the heavens and the earth.
はじめに，神は天と地を創造した．

旧約聖書の『創世記』（*Genesis*）を読むと，創造主（神）が主語としてでてくる．科学的な宇宙観ではないが，時間の流れについて同じ認識（recognition）が感じられる．

There was, therefore, no time before you made anything, since time itself is something you made.

　　　　　　　　　　　　　　　　　　　　　　Saint Augustine, *Confessions*

ゆえに，あなたが何もかもをお創りになった前には時間はなかったのです．時間そのものをあなたがお創りになったのですから．

ミツキは，大学生のときに読んだ 4 世紀生まれの聖アウグスティヌスの『告白』（*Confessions*）の一説を思い出していた．創造主である神が関与した時間という世界観が，英文法の時制を理解するのに役に立ったのだ．過去は変えられないということが時制を理解する第一歩だと論された．

文明の誕生以来，現在までの出来事は，すべて歴史，記録，あるいは日記として過去形で保存される．つまり，過去形の文章は人類の記憶でもあるのだ．

ミツキは空への憧れに関する歴史上のいくつかの重要な事件や発見を年代順に調べてみた．

A monk named Eilmer read the Greek myth of Daedalus, and believed he could also fly with wings fixed to his hands and feet. He leaped from the top of a tower at Malmesbury Abbey in the early 11th Century.
エイルマーという名の修道士はギリシャ神話のダイダロスを読んで，自分

も手と脚に翼をつければ飛ぶことができると信じた．11 世紀のはじめの頃，彼はマルムズベリー寺院の塔の頂上から飛び出した．

Leonardo da Vinci drew sketches of flying machines circa 1505.
1505 年くらいにレオナルド（ダ・ヴィンチ）は飛行機械のスケッチを描いた．
　英語圏ではこの芸術家を Leonardo と呼びます．

Newton discovered law of universal gravitation in 1665.
1665 年にニュートンは普遍的な重力の法則を発見した．

A hot air balloon created by two brothers achieved the first flight in France in 1783.
兄弟で作成された熱気球はフランスで 1783 年に最初の飛行を実現した．

The Wright brothers made the first controlled flight with human propulsion in 1903.
1903 年にライト兄弟は，最初の人力で制御する飛行を行った．

The first international flight service was inaugurated between London and Paris in 1919.
1919 年にロンドン・パリ間で最初の国際飛行サービスが開始された．

そしてそれからわずか 50 年．人類は月へ着陸した．

Apollo 11 went to the Moon and the two astronauts landed on the Moon for the first time on July 20, 1969.
アポロ 11 号は月へ行き，2 人の宇宙飛行士が 1969 年 7 月 20 日にはじめて月に降り立った．

火星の無人探査は，1970 年代から本格化した．

Valles Marineris was discovered by Mariner 9 Mars orbiter in 1971.
マリネリス峡谷は 1971 年に火星の軌道を回るマリナー 9 号によって発見された．

したがって，自分のための「火星日記」の文章も過去形で書くのが妥当なのだ．

Our long-distance exploration in the most spacious vehicle for the five crews including me started this morning. We spent 8 hours and 25 minutes to run over 200 km. The clear weather made our visibility clear. What the rooftop camera recorded was endless, rusty, and monotonous desert scenery.

我々の長距離の探検は，私を含めて 5 人の乗務員にとって最も大きな車両で，今朝始まった．200 キロ越えの走破に 8 時間 25 分を費やした．澄んだ天気で視界ははっきりしていた．車の屋上カメラが記録したのは，果てしない錆びて単調な砂漠の風景だった．

　終わってしまったことは，最近の出来事もすべてが過去形で表現される．「今」を基準（benchmark）にして時間の矢を見ると，自分が「時間」という乗り物（vehicle）を一方通行の軌道（one-way track）上で操縦しているような気がしてきた．では「今」という瞬間の時間とはいったい何なんだろう．ミツキは大学の授業で読んだ本の内容を思い出した．

　現在進行時制（present progressive tense）は，「今」という一瞬が進んでいるという意味だった．

(2) 時計の歯車の音が伝える今（現在進行形）

The *now* is the partition which separates all the past from all the future; any instant of the past was once a *now*, any instant of the future will be a *now* anon, ….

… while it acts as partition it is neither a part of the past nor a part of the future.

Tobias Dantzig, *Number - The Language of Science*

「今」はすべての過去とすべての未来を分ける仕切りであり，過去のどの時点も一度は「今」だったし，未来のどの時点もすぐに「今」になるだろう，…

…それ（「現在」）は仕切りとしてふるまう一方，過去のあるとき，あるいは未来のあるときでもない．

　そうだ，「今」には動きがあるのだ．動きがあるからには，「音」もあるはずだ．この音こそ動詞につく ing の音．「今」を表現する現在進行形（present progressive form）の ing の根拠なのだ．

　ミッキは操縦室の計器（instrument）を思い浮かべてみた．モニターには「今」の状況が写し出される．そして小さいながらも，移動の衝撃（impact）が身体に伝わってくる．「ング，ング，ング」と鼓膜（eardrum）が微音を感知する．

　そうだ，車両での移動は「今」の進行と同調しているのだ．ミッキは探査車両（exploration vehicle）の操縦席（driver seat）に座っている自分を想像してみた．

> I am sitting in the driver seat of our exploration vehicle now. It is running based on the navigation system. I am watching the front monitor. The other members except one are paying attention to various data. The fifth person is also working and actually preparing lunch for us. Cooking, however, is being done in the microwave oven.

> 私は我々の探査車両の操縦席に今，座っている．それは，ナビに基づいて走っている．私は前方モニターを見ている．一人を除いてほかの人間は各種データに注意を払っている．5 人目も仕事をしていて，実のところは，我々の昼食の準備をしている．調理は，しかしながら，電子レンジの中でなされているところだ．

　過去形の動詞とは異なり，現在進行形では常に動詞の原形の後に ing が続く．動詞には不規則に過去形に変化するものがあるが，ing については不規則な例外（exception）がない．これは，時間の流れが均一だからに違いない．

　ing を声に出して読んだりすると，「ング，ング，ング」と何かが動いているように感じてくる．詩のリズムとも異なる機械的な音（mechanical sound）だ．何の音だろう．

　進行形では，必ず ing がついてくる．どうしてだろう．ミッキは，その答えは時計にあると気づいた．時計の歯車（gear）だ．日時計（sundial）ではない，水時計（water clock）でもない．

　初期の機械仕掛けの時計は，14 世紀にはヨーロッパの寺院に設置されていたらしい．時を刻む時計のギアの絶え間ない音を動詞に反映させたと考えてもいい

のではないかと思った.

　この動詞の付加部分に例外がないのは,英語を話す人々が,「時間」による統一的な支配を強く感じたからだろう.ing を発音(pronunciation)する時間は,ちょうど1秒(one second)であるように感じられた.

　技術が進めば進むほど,時間の測定(measurement)もより精密(precision)になる.五感(five senses)では感じられない秒よりも短い時間の変化が,数値(numerical value)あるいは映像(image)で可視化(visualization)される.しかし,どんなに処理の速度があがっても進行形の形は変わらないだろう.

　Some scientists and IT engineers are now working on quantum physics. Quantum computers are processing, sharing and exchanging information in nanoseconds.
　何人かの科学者と IT 技術者が,量子物理学を研究している.量子コンピュータは,ナノセコンドで,情報を加工し,共有し,そして交換している.

　ミツキは,意識を空そして宇宙へと向けた.秒針の動きとともに宇宙が動いているのが感じられる.

　Mars is moving slowly and steadily around the Sun. 200 researchers are working here. Every one of them is thinking about their home, because they are human beings. There are more than 300 robots and automated rovers working away from human bases. They are examining Martian terrain, taking photographs, and sending data to the bases.
　火星は太陽の回りをゆっくりと,そして着実に動いている.そこでは 200 人の研究者たちが働いている.彼らの誰もが我が家のことを考えている.彼らは人間だからである.300 を超えるロボットと自動探査機が,人間の基地から離れて働いている.それらは火星の土壌を調べ,写真をとり,データを基地に送っている.

　地球に戻る日が見えてきた.まだ未来の予定にもかかわらず,ミツキは思わず現在進行形で気持ちを表現した.

I am going back to Earth when this mission is over.

この任務が終わるときに，私は地球に戻っていく．

　英語を話す人間は，時々，未来を「今」として表現することがある．気持ちの上では「今」であってほしい時だからである．

(3) 神の支援（未来）

The Future belongs to God, and it is only he who reveals it,…

Paulo Coelho, *The Alchemist*

未来は神の所有物である．そして，それを明らかにするのは神だけだ…

　ミツキも「未来形では動詞に will をつける」と中学校で習った．「will は未来を表す助動詞」とどの参考書にも書いてあった．

　ミツキはこの単語を辞書で調べてみた．「意志」という名詞としての意味もあることがわかった．時間も神が創り，神が時間を所有しているのであれば，未来を決めるのも神なのだとすると，この「意志」は神様のそれなのだろうとミツキには思えた．

　英語で生活する人々は，希望する未来になるように神の意志にすがるのだろう．ミツキは，この世界観で will の意味が理解できたのだ．

　火星での日記で未来をつづった．

I will discover how Valles Marineris was formed.

私は，マリネリス峡谷がどのように形成されたかを発見する．

I will complete a report regarding my discovery.

私は，私の発見に関する報告書を完成させる．

I will go back to Earth when this mission is over.

この任務が終わったときに，私は地球に帰る．

　すべてがうまくいくように，無意識に神にすがるのだ．

The future is better than the past.

Robert A. Heinlein, *The Door into Summer*

未来は過去よりもよい.

　未来の世界は未経験だからこそ,自らの努力で切り開くのだ.ミツキは学校で学んだもう1つの表現も気に入っている.be going to である.

I am going to make every effort to complete my mission as planned.
私は私の任務を計画どおりに完了させるために,あらゆる努力をするつもりだ.

　技術者として「神頼み」はだめだ.「やりとげる」という強い思いが必要だ.未来は神様が決めるものではないからだ.

The future lies in what we can create.

Greg Bear, *Darwin's Radio*

未来は我々が創造できるものの中にある.

　米国での訓練時代に気づいた,未来を表す日常生活での表現には使い分けがあることを.
　アメリカ人の仲間に対し,

What is your plan for the weekend?
週末の夜の予定は何ですか?

と質問すると次のような返答があった.

I will watch a DVD in my room.
自室で DVD を見ようかな.

　急な質問に対し,(神にすがってでてきた)その場で思いついた計画みたいに思えた.
　次のように答えた者もいた.

I am going to finish the report.
あのレポートを終わらせるつもりだ．

質問されなくても，週末の計画は決まっていたようだ．
また，現在進行形で答える人間もいた．すること自体は未来なのに，気持ちのうえではその行為がもうはじまっているようだった．

I am driving to downtown to buy T shirts.
ダウンタウンに車で行って，Ｔシャツを買うんだ．

まだ水曜日なのに，気持ちは週末になっているのだ．
現在進行形に will をつけて言う者もいた．

I will be reading the latest work of Stephen King.
スティーブン・キングの新作を読むよ．

おそらく，1,000 ページのスティーブン・キングの分厚い新作に没頭するつもりだろう．
現在形の素気ない回答を聞いたこともある．決まった直近の予定は現在形でも表現できるからだ．

I stay in my room.
自分の部屋にいる．

きっと週末は部屋にいるのが習慣なんだろう．現在形は「今」に収れんする表現ではないのだ．そのことに気づいた状況を思い出した．
高校の英会話の授業で，"What do you do?" と米国人の先生に質問されたミツキの親友は，次のように答えて先生に訂正されていた．

I am studying English now.
私は今，英語を勉強している．

先生は，"I'm a high school student." と答えろと言ったのだ．ミツキの友人は戸惑っていたが，ミツキにはわかったのだ．現在形は，「現在」という名前がつ

いているが,「今」だけを表現するのではないことを. 先生の質問は,「何をしていますか?」と日々の行動習慣を聞いたのだ. だから「高校生やってます」で妥当な応答になる.

　先週したことも, 来週することも, 習慣であれば現在形で表現する.

　　I read English every day.
　　私は英語を毎日読みます.

これはミツキが身につけた習慣だった. 火星に来ても, 変わらない.

(4) 習慣・事実 (現在形)

　火星ではいつも同じ発言になってしまうのは承知のうえで, ミツキは, 仲間との会話で話題が途切れた際に, 次のような内容で, 話を続けることにしている. 天候は, 差しさわりのない話題だからである.

　　The weather is nice today, but a sandstorm takes place any time.
　　今日は天気がいい. でも, 砂嵐はいつでも起こる.

　　The two moons are not romantic at all. They are just large rocks.
　　2つの月は全然ロマンチックではない. それらは単なる大きな岩だ.

　　It never rains on Mars.
　　火星では雨は決して降らない.

　　There is ice on Mars, but we do not have liquid water.
　　火星に氷はある. しかし, 流体としての水はない.

　火星の天候は代わり映えしないので,現在形で表現するにはもってこいである. このように, 昔も今も, そしてこれからも変わらない事実を述べるには, 現在形を使うのが英語という言語である.

　ミツキは, 高校生のときに書いた「水」を説明した英文を, 今でもデータで保存している. 読み返すとやはり「現在形」で記述していた.

　　Water is with us on Earth and it travels all over the world. At a beach in summer, we see a vast expanse of ocean just in front of us under the sizzling sun. Even though it is invisible, a lot of water goes up into the sky in a gaseous state from the ocean due to the heat of the sun. This phenomenon is evaporation. Water evaporates. Water molecules get together to become droplets and forms clouds up in the sky. This process is condensation. When the clouds get thick with plenty amounts of droplets, water becomes heavy and starts falling down as rainfall because of gravity. This is a return trip of water to the surface of Earth and the scientific name of this process is precipitation. When it is freezing in winter, the rain becomes sleet or snow.

☛音読用 passage（著者による音読）

水は，地上に我々とともにあり，世界中を移動する．夏の浜辺では，熱い太陽の下で，目の前に大海原を見る．たとえ見えなくても，たくさんの水が，太陽の熱で海からガスになって空へ上がっていく．この現象は蒸発である．水は蒸発する．水の分子はくっついて水滴になり，空中で雲を作る．この過程は凝結である．雲が多量の水滴で厚くなると，水は重くなり，重力のため，雨として落ちてくる．これは，地表面への雨の帰還であり，科学的な呼び名は降水である．冬で凍えるような寒さの場合，雨はみぞれや雪になる．

　現在形は，太古から未来でも繰り返される「水の循環」という習慣と事実を表現するのに使われている．事象や機械の説明をするのに適切な時制なので，ミツキは，行った行動は過去形で，発見した事実については現在形を使うように心がけている．

A drone inspection of the bottom of Valles Marineris found that it is unnaturally flat.
ドローンによるマリネリス峡谷の探査は，底部が不自然に平らだということを発見した．

Drones with jet propulsion are very effective to investigate areas such as valleys and mountains.

　ジェット推進を備えたドローンは，谷や山のような地域を探査するのに有効だ．

　ミツキは，日常生活でも，事象に対する自分の意見や知識を伝えるのに，現在形をよく使う．

Robots are better companions than humans because machines do not complain.
ロボットは人間よりもいい仲間だ．機械は文句を言わないから．

仲間と意見が合わないときの冗談である．

Children love humanoids as their new friends.
子どもたちはヒューマノイドを新しい友達として愛する．

　地球では人型ロボットが，子どもたちの新しい友達になっているらしい．英国人のノーベル文学賞受賞作家が予見したことが現実になったのだ．

"Mom. Klara's the one I want. I don't want any other."
"One moment, Josie." Then she asked Manager: "Every Artificial Friend is unique, right?"
"That's correct, ma'am. …"

Kazuo Ishiguro, *Klara and the Sun*

「ママ，クララが私がほしいものなの．ほかはいらない」
「ちょっと待って，ジョシー」それから彼女は店主に尋ねた．「すべての人造友人はユニークですよね」
「そのとおりです，奥様…」

　ロボットの友人はいいかもしれないが，お願いされてしたことや，自分の周りで起こったことについて，人と同じように，気持ちが影響されることがあるのだろうかと，ミツキは思った．

（5）終わったことが今の心情に影響→現在影響形（現在完了形）

　米国での訓練中も，必死に火星に関する文献を読みあさった．火星にも水が流

れていた時代があったという記事は刺激的だった．過去形で書かれている．失われた時代の記憶なのだ．

We know that liquid water once flowed across its surface and that Mars and Earth were similar in their early history. When life on Earth arose, some 3.5 billion years ago, Mars was warmer than it is today and had liquid oceans, an active magnetic field and a thicker atmosphere.

Scientific American, Fall 2017

火星の表面にはかつて液体としての水が流れたこと，そして火星と地球は原初の歴史において似ていたことを我々は知っている．35 憶年くらい前に地球上に生命が生じたときに，火星は現在よりも温暖で，海洋，活発な磁場，そしてより濃い大気を持っていた．

その痕跡をこの目で確かめたい．ミツキはこの過去からのメッセージに心を躍らせた．

そして，火星へ派遣される隊員を選考する最終試験の日がやってきた．結果が届くまでに 4 週間．一日千秋の思いをはじめて体験した．

最終試験の合格を知った日は，通知は午前中に届いていたにもかかわらず，興奮のあまり寝つけず，夜が明けても心の中では大声で叫んでいた．

I've just passed the final Mars examination.

合格通知が届いてから，数時間たっても，その歓喜は「今」のままだったのだ．次の日，友達に合っても嬉しくて，同じ英文を繰り返した．

I've just passed the final Mars examination.

この合格は「過去」ではない．今の気持ちをさらに未来へ向けて鼓舞する「現在」なのだ．「現在完了形」は「現在影響形」として覚えたほうがいいんだと，一人で納得した．

絶え間なく流れる時間のなかで，過去からの働きかけを意識に取り込む作用が「現在完了形」だ．英語では present perfect と表現する．まさに，合格通知で自分の気持ちが完成した実感を味わえた．

　それでもこの喜びも，いつの間にか「過去形」，つまり「記録」に変化した．新たな目標ができたからだ．落ち着いてから書いた日記の英文は過去形になった．

I received the letter of acceptance on 20th of February.
私は2月20日に合格通知を受け取った．

ミツキは改めて火星に目を向けた．

Mars has been an intriguing planet since ancient times.
火星は古代より好奇心をかき立てる惑星だ．

Many writers have created fantastic or realistic stories on Mars.
多くの作家が幻想的なあるいは現実的な物語を火星上に作り出してきた．

Artificial machine tools and robots have already established an underground shelter for us.
人工知能を持った工作機械とロボットが，すでに私たちのための地下シェルターを設置している．

We have never been to Mars, but our imagination has already reached the red planet and our technology has already mapped every corner of our new home.
私たちはまだ火星へ行ったことがない．しかし私たちの想像力はすでに赤い惑星へ到達し，そして私たちの技術は私たちの新しい故郷のあらゆる場所を地図にしている．

We have not walked on Mars yet, but our rovers have been moving around there for more than 30 years. They have already accumulated information on the surface of our base area.
私たちはまだ火星を歩いていない．しかし，私たちのローバーは30年以上も動き回り，私たちの基地の地域の表面についての情報を蓄積している．

I have already passed the most challenging examination.
私は，すでに最も過酷な試験に合格している．

　ミツキは，気をひきしめて次の目標に向けて努力をはじめた．そして，火星滞在という未知の体験に思いをはせたのである．

> I know how to do when it starts raining hard here on Earth, but what should I do on Mars if a sandstorm comes.
> ここ地球では激しい雨が降り出したときどうするかを知っている．でも火星で砂嵐が来るときに何をすべきだろうか．

(6) 十分に起こりえる場合と万が一に備える場合（仮定法）

日本では大きな砂嵐は起こらない．

> If a large sandstorm happed in Japan, it would put people in a panic.
> もし日本で大きな砂嵐が起これば，それは人々をパニックに陥れるだろう．

しかし，火星では砂嵐は日常的な現象だ．過去形での仮定はできない．

> When a large sandstorm comes to the base area, people, robots, and rovers will go down into the underground shelter and vehicles will move into the garage immediately.
> 基地の地域へ大きな砂嵐が来るときには，人々，ロボット，そしてローバーは地下のシェルターへ，そして車両は車庫へ直ちに移動する．

ミツキは次のような過去形での仮定文をつくっては楽しんだ．

> If I found animals on Mars, I would name them according to their shapes.
> もし火星で動物を見つけたら，それらの体型に従って名前をつけよう．

　子どもの頃に父と話したこともいい思い出になっている．父はよく言っていた．「火星では，地球上のような暮らしは不可能だ．つまり，火星には住めないのだ」
　そこで「火星に住めるといいなぁ」という夢を抱くようになったのだ．アインシュタインが残した名言（axiom）も応援してくれた．

> Imagination can take you anywhere.
> 想像力はあなたをどこにでも連れていける．

　英語の「仮定法」(subjunctive mood) は，この想像力の表現なのだ.「空を自由に飛べたらなぁ」という誰もが空想する飛翔とか，実現不可能あるいは極めて困難な行為について，英語では動詞をわざと過去形にして表現する. ミツキはこの表現法が好きだ. なぜならば，想像力を刺激してくれる表現だからである.

> I wish I could live on Mars. If I could I would go leaping to school. I would have extra 39 minutes to sleep a little longer every day. The length of a summer vacation would be doubled.
> 火星に住めるといいな. もし住めれば，学校へジャンプしながら行こう. 毎日，少し長く寝るための追加の 39 分があるのだろう. 夏休みは 2 倍の長さになるだろう.

　このような文章が，ミツキが日記につづった思いである.
　仮定法は，as if という接続詞を使い，「比喩」を表現するときにも使われる. 大学生のときに読んだ SF の短編小説の場面を覚えている.

> "Sixty *million* miles." She moved at last to the window as if it were a deep well.
> "I can't believe that men on Mars, tonight, are building towns, waiting for us."
> 　　　　Ray Bradbury "Wilderness", *The Golden Apples of the Sun* に収録
> 「6,000 万マイルよ」まるでそれが深い井戸のように，彼女は最後に窓へ移動した.
> 「私たちを待つため，火星にいる人たちが，今晩，街を作っているのは信じられない」

　この作品では，火星までの距離が「深い井戸」にたとえられている.「井戸」はいいたとえだった. 火星の地下には水があるだろう. 氷として存在している. NASA が火星の凍土層の探査の可能性を研究している記事も読んだ. can ではなく，could で書かれている.

> As for a polar search, NASA is studying an inexpensive lander called Icebreaker that could do the job. Equipped with a one-meter drill and immunoassay instrument, it could search the water-rich northern permafrost of Mars for biomarkers in the ice-cemented ground.
>
> *Scientific American*, Fall 2017

極地の探査について，NASA は今その仕事ができそうなアイスブレーカーと呼ばれる廉価な着陸船を研究している．1メートルのドリルと免疫測定の装置を備え，アイスブレーカーは火星の北の水が豊富な凍土を探査し，氷で固まった地面の中に生物指標を見つけられる可能性がある．

水が流れるような火星に戻るためには，大気も含め環境を変えるしかない．

Terraforming would be the only option to make Mars our next home.
テラフォーミング（地球の環境に変化させる）は，火星を私たちの次の故郷にする唯一の選択肢になるのだろう．

今では，まだ「仮定法過去」で，実現は夢物語だ．次の世紀になれば，きっと起こりえる未来形の文章に変わるだろう．

Terraforming will be the best choice to make Mars our next home.
テラフォーミングが，火星をわたしたちの次の故郷にするための最善の選択になる．

（7）当時，起こっていたことの記憶（過去進行形）

ミツキはベッドで目をさました．起床時刻までまだ時間があった．夢ではなく，明確な意識で，地球での訓練を振り返ってみた．振り返ればそのときが「今」になる．過去進行形（past progressive form）の文章である．

I was studying English hard to become a space engineer.
宇宙技士になるために，英語を一生懸命に勉強していた．

記憶は，走馬灯（phantasmagoria）のように過去の出来事を再生させる．

I was dreaming of traveling to Mars to start a new life there.
Some counties were developing new spacecraft that could reach Mars.
NASA was recruiting young engineers for their mission to Mars.
私は，火星へ旅をし，そこで新しい生活をはじめる夢を見ていた．
いつくかの国が火星へ到達できる新しい宇宙船を開発していた．

NASA は火星への派遣任務のための若い技術者を募集していた．

夢中になって，準備をしていた頃がつい昨日のようだ．
同時に，父の闘病生活も思い出した．大腸がんを患っていたのだ．

I was working on my research paper in addition to my hard physical training.
While I was preparing for a mission to Mars, my father was suffering from colorectal cancer.
私は，肉体的な厳しい訓練に加えて，研究論文に取り組んでいた．
私が火星への任務のための準備をしている間，父は大腸がんで苦しんでいた．

この目で見た火星を，帰宅後に父に直接伝えたい．しかし，父はもういない．

(8) 過去の事実への後悔あるいは安堵(過去完了形・仮定法過去完了)

夢はかなったが，失ったものもあった．米国での厳しい訓練（hard training）を終え，休暇（vacation）で帰省（homecoming）したら，初恋（first love）の人は結婚していた．そして，火星への出発の前には父が他界した．
時間の矢の現実が残酷だった．忘れようとしても，意識は時間をさかのぼる．過去のある時点よりもさらに昔の出来事や時間の流れにさからう描写には，「過去完了形」を使うという文法知識が人生を振り返らせた．

When I returned to my hometown for a vacation, I found my first love had already married.
休暇で帰省したときに，初恋の人がすでに結婚していたことがわかった．

When my rocket was launched for Mars, my father had unfortunately died of cancer.
私のロケットが火星に向けて打ち上げられたとき，父はすでに不幸にもがんで死亡していた．

そして火星に到着して発見したのは，ロボットによって建設された人が住めるシェルターだった．

When I landed on Mars, I saw the habitable underground shelter that had already been constructed by the robots.

私が火星に着陸したとき，私は，ロボットによってすでに建築されていた居住可能な地下シェルターを見た．

ミツキは努力で夢を叶えることができ，異星の地でも幸福を感じている．思い返すと，多くの安堵と少しの後悔があった．終わってしまい，取り返しがつかないことを表現するのに，「仮定法過去完了形」を使う．「後悔先に立たず」でもある．この文型で日記に書いた文章は，事実を遠回しに伝える表現となる．

安堵

If my father had not bought me the picture book of the universe, I would not have been interested in the solar system. (My father bought me the picture book, and I got interested in astronomy.)

もし父が宇宙の絵本を私に買ってくれなかったら，私は太陽系に興味を持たなかっただろう．（父は私に絵本を買ってくれて，私は天文学に興味を持った）

If I had not studied mathematics and physics very hard at school, I would have chosen a different job. (I studied mathematics and physics very hard at school, so I became an engineer.)

もし私が学校で数学と物理学を一生懸命勉強しなかったら，異なった仕事を選んでいただろう．（私は学校で数学と物理学を一生懸命勉強し，それでエンジニアになった）

If I had given up the training, I would have gone back to my hometown in Japan. (I did not give it up, and I did not go back to Japan.)

もし私が訓練をあきらめてしまっていたら，日本の故郷に帰ってしまっただろう．（私はあきらめなかった．そして日本へ帰らなかった）

後悔

If I had given up the training and had gone back to my hometown, I could have married my first love.

もし私が訓練をあきらめ故郷に帰っていたら，初恋の人と結婚できただろう．

If my father had been alive, he would have celebrated my departure to Mars.

もし父が生きていたならば，私の火星出発を祝ってくれただろう．

ミツキのノートには，「時間の矢」をもとにまとめた「時制の図」が描いてある．過去から未来へ向かう英語ということばの「工程表」（operation sheet）のようにも見える．

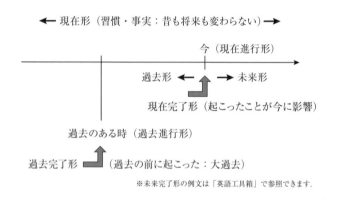

※未来完了形の例文は「英語工具箱」で参照できます．

4.3 八品詞との出会い

ミツキは，興奮していた．ついに，マリネリス峡谷の底部への下降の許可（permission）がでた．地球帰還前の最後の大仕事だ．米国人のジョン・カーターと，シンガポール人のスン・ウォンの 3 人で下降チームを組むことになった．

この大事業を世界に向けて公開するために，3 人は記録文章として発信する英語の取り扱いを決めた．

1. 文章は五文型を意識する．
2. 八品詞の機能を明確にする．

ミツキは提案者のジョンに質問した．「八品詞には何がある？」彼はボードに書き表した．

> noun（名詞），proverb（代名詞），adjective（形容詞），verb（動詞），
> auxiliary verb（助動詞），adverb（副詞），preposition（前置詞），
> conjunction（接続詞）

ジョンはつけ加えた．文法の本では exclamation（間投詞）も品詞にしているけど，宇宙飛行士の公式記録には不要だと．

説明を聞き終えたミツキは，リストを見直して少々当惑した．article（冠詞）がないからだ．ミツキは尋ねた．「冠詞がないのはなぜ？」

彼は答えた．「それは名詞の単なる先導役だ．小惑星(asteroid)みたいなもんさ．品詞にするには小さすぎる」スンも異議はなさそうだった．確かに，冠詞を入れると9になる．分類はともかく，日本の学校で習った「八品詞」とずれがでる．

「間投詞を外して助動詞を入れたのはいい考えだ．最初に冠詞を入れてほしい」と．ミツキは，「冠詞」を理解するのに学生時代に苦労したので，どうしても「八品詞」に入れたいのだった．そうすると別の品詞を外さないといけない．そこで，「接続詞」を別扱いすることを提案することにした．

「接続詞は文章と文章をつなげる役割なので，五文型の中では出てこない．だから，その役割を考えるときには，9番目の品詞として意識したらどうだろう．ちょうど猫には命が九つあるように，接続詞が9番目の品詞として英語を膨らます生命力を与えるようじゃないか」

2人とも "A cat has nine lives." の例えに満足した．

上機嫌になったミツキは，日本語の漢字の「八」の意味を説明した．「八」は日本人にとっては，昔から吉数（lucky number）だ．文字は，両端に向けて広がっていて，これで繁栄（prosperity）を伝える．

スンも，思い出したように，"It's a lucky number in Chinese, too." とことばをはさんできた．

ミツキはさらに続けた．旧約聖書の大洪水の物語（flood myth）でも，ノアの箱舟（Noah's Ark）に乗り込めた人間は8人だった．

神は8日目に新しい週が始まるように，7日間で世界を創造した．1バイトは8ビットである．

アラビア数字（Arabic numerals）の8は，横にすると無限∞（infinity）になる．

五文型という音符で語られる 8 つの品詞の組み合わせで，英語は無限に意味を伝え続けていくという感覚だ．最後に，五文型と八品詞の組み合わせで，英文という音符で奏でられるイメージをボードに描いてみた．八分音符（eighth note）が想起できる．

時間軸（五線譜・五文型＋八品詞）のイメージ

ジョンは思い出したように，「今回の任務で使用する 8 脚のロボット（eight-legged robot）スパイダーもびっくりだ」と言った．

(1) 冠詞

名詞を書く際には，日本人は無意識に「冠詞を選ぶ」という作業を行う．しかし，ジョンが指摘したのは，冠詞あるいは無冠詞がどんな名詞を導いてくるのかだった．今日の日報（daily report）を英文で入力しながら冠詞を再確認（reconfirmation）した．

I took an air shower before I took off my Mars suit.
火星スーツを脱ぐ前に，エアシャワーを浴びた．

We once heard a warning that a sandstorm is approaching.
我々は，一度，砂嵐が接近してくるという警報を聞いた．

I enjoyed a smooth ride during our inspection.
我々の探査の間のスムーズな運転を楽しんだ．

I discovered a pyramid-like hill.
ピラミッドのような丘を発見した．

このように a は，形があるものや，始まりと終わりがわかるような動きを引っ張ってくる．形がないものや，形があっても単体の基準があいまいなものの前に

はでてこない．

I will find ice during my exploration of Valles Marineris.
マリネリス峡谷の探査中に，氷を見つけよう．

There is no wooden furniture in the Mars base.
火星基地には木製家具はない．

the は聞き手や読み手と共通認識が想定できる特定の事象，事物を導く．

The visibility plunges suddenly in a sandstorm.
砂嵐では視覚は突然低下する．

The flight bound for the Euro base was cancelled because of the sand-
storm.
ユーロ基地への飛行は，砂嵐でキャンセルされた．

The climate on Mars is harsh throughout the year.
火星上の天候は，1年を通じて過酷だ．

ミツキは推理小説（detective story）もよく読んだ．シャーロック・ホームズ
の「ボヘミアの醜聞」の冒頭の場面を覚えている．女性とのロマンスがないホー
ムズの物語にあって，いきなり the woman がでてくるこの作品に，ミツキも少々
びっくりした記憶がある．「その女性」は誰だろうと，戸惑いを覚えながら読み
はじめることになったのだ．

To Sherlock Holmes she is always the woman. I have seldom heard him mention
her under any other name.

Arthur Conan Doyle, "A Scandal in Bohemia"
The Advaentures of Sherlock Holmes に収録

シャーロック・ホームズにとって，彼女はつねに the woman だった．私は彼が彼
女をほかの名前で言うのをほとんど聞いたことがない．

居住区で，the lady といえば，たまに手料理を作ってくれる栄養士のスーザン

のことである．また，ジョンは，"We are the ambitious." とよく口にする．「我々は野心のある人々だ」という意味になる．the が形容詞を導くと，そのような人々という意味になる．

(2) 名詞

ものの名前を英語として覚えるときには，ミツキは視覚を活用した．自宅にある家具，電化製品に，対応する英単語を書いた付箋を貼りつけた．冷蔵庫を開けるたびに，refrigerator とその略語の fridge が目に入る．中に入れてある ketchup とか mayonnaise は，メモがはがれるのであきらめたが，よく見るとそれらの容器に英語が印字してある．日常生活でも英語を覚えられることがわかった．観察すればいいのだ．

単数・複数には戸惑った．可算名詞（countable noun）と不可算名詞（uncountable noun）に分けて，前者の名詞が複数だと語尾に s をつける．単純な規則だが，可算か不可算の境界は，時としてあいまいになる．

"How many hairs do you have?" はありえない英文だからだ．しかし，レストランで注文したスープに髪の毛が 2 本入っていたら，"There are two hairs in my soup." と苦情を言うだろう．

高校の英語の授業で，"The Internet gives me many informations." と言ったら，"The Internet gives me many kinds of information." と直された．

似たような意味の data について米国の訓練時に耳にしたのは，「複数形だ」と「単数形だ」という異なった見解だ．つまり "These research data are new." あるいは，"This research data is new." のどちらが妥当かとう判断だ．

この混乱をミツキは自分なりに整理した．

1. 可算名詞と不可算名詞は，「数えるのが容易か」あるいは「数えるのが困難か」で区別する．植毛では，10,000 hairs という表現は可能だ．
2. 数えようとするときの「1」が確定できない場合には，数えない．information では「1」の形がない．形状が一定でないような物質や抽象的な概念の名詞もこの種類となる．
3. 形状が一定でなくても，広がりを表現するのに複数形を使う．

One of our missions is to analyze how sands move around on Mars.
我々の任務の1つは，火星で砂がどのように動き回るのかを分析することだ．

この表現は火星に来て実感できた．なぜならば，火星では砂の広がりは大海原（waters）に見えるからだ．

4. 科学者や技術者は，数値を根拠に複数形を意識する．data には datum という単数形がある．この点からは，data は数値やグラフで表現される複数形になる．しかし，information との併用が多い場合には，集合体として単数形として扱うのも妥当だ．ミツキは，明らかに，数値が重要な場合には，複数形で表現することにした．

The data we have analyzed show that sands move extensively in summer.
我々が分析したデータ（明確な複数の数値）は，砂は夏により広範囲に移動することを示している．

地球という名詞も整理し直した．英語で3種類ある．Earth は完全に人名と同じ感覚で親しみを覚える．the Earth は宇宙から見た惑星としての「地球」，the earth は地面に立脚する視点からの表現．

ミツキは火星での記録では Earth にすることにした．

（3）代名詞

フロリダでの訓練がはじまって，人間を it（それ）と言い換えることがあることを実際に耳にした．隣の居室をノックしたら "Who is it, please?" と言われたのだ．ドアの外にいる人物が男性か女性かわからないからだ．"Who are you?" は，相手を不審者扱いしている状況になる．

船舶を女性扱いしていた時代もあった．「処女航海」にはロマンチックな響きがあった．

The Titanic, a luxury steamship, sank on April 15, 1912 in the North Atlantic after sideswiping a huge iceberg during her maiden voyage.
豪華客船タイタニック号は 1912 年 4 月 15 日に，北大西洋で巨大な氷山に側

面をぶつけ，彼女の処女航海中に沈没した．

しかしながら，21 世紀になってからは，性表現の平等性（gender equality）からはこのような表現は歓迎されない．書き換えが好ましいい．

her maiden voyage ⇒ its first voyage

人間では男性，女性の区別をしない複数形の代名詞（they, their, them）を使う表現が無難だ．

今回の任務では3台の車両を使う．居住も兼ねた大型車両は男女別で2台．それぞれ King と Queen との愛称があるので，会話では，he と she で呼ばれることも多い．先導車は leopard だ．男性隊員の間では she で通じるらしい．女豹のイメージだ．火星でも男性優位社会（male-dominated society）の意識はなくならないようだ．

今回の任務は長期間になる．食事はすべて人工食（machine-processed food）である．火星では人間とロボットは同じ取り扱いをされ，前者には栄養補給（nutritional support），後者には充電という生命維持に必要な処置が施される．

そんな，隊員たちに朗報が届いた．居住区の管理局は，手料理の支給と人間による食事のサービスを，任務担当職員向けに考えているようだ．ミツキのところにも，栄養士のスーザンから意見伺いのメールが届いた．食事以外のことには無頓着な様子が見てとれた．

Do you want to be served by a waiter or a waitress? He or she helps you feel more human during the meal.
ウェイターとかウェイトレスに給仕してほしいですか？ 食事中に彼か彼女があなたを人間らしく感じさせます．

どうやらボランティアを募集するらしい．ミツキは表現を修正し返信した．

Human servers are great. I am looking forward to meeting them. The meals served by people look more delicious than those served by robots.
人間の給仕係はすごくいい．彼らに会うのが楽しみ．人にサービスされる食事はロボットにサービスされる食事（代名詞 those）よりはおいしく見える．

基地内のロボットには性別はない．配膳担当は，food server と呼ばれている．

There are five humanoid food servers in the cafeteria. They have legs but they do not walk as we do. They move on tiny rollers. It seems that bipedalism still belongs to humans.

食堂には5体の人型配膳ロボットがいる．それらには脚があるが，私たちのようには歩かない．それらは，小さなローラーで移動する．二足歩行はまだ人の所有物のようだ．

(4) 動詞

ミツキは，英文を書くときに自動詞と他動詞の区別に気をつけている．日報に書いた英文を直した記録を読み返してみる．

I discussed ~~about~~ the new plan proposed by the residence administrator.
居住区の管理者が提案した新しいプランについて，我々は議論した．

一見よさそうだが，「について」に相当する about は不要だ．discuss は他動詞だからだ．目的語がすぐにくればいい．
同じように想像する imagine も他動詞として使うことが多い．

It is still hard to imagine ~~about~~ sightseeing on Mars.
火星での観光を想像するのはまだ困難だ．

I will have to attend ~~in~~ a Mars meeting tomorrow.
明日は火星会議に出席しないといけない．

attennd も他動詞としては，in は不要なのだ．

We live in the underground residence section.
我々は地下居住区に住んでいる．

ここでは live が自動詞のため，前置詞 in が必要だが，動詞が inhabit になると，同じような意味だが他動詞なので in は不要になる．

There might be microorganisms inhabiting ~~in~~ the soil on Mars.
火星の土壌に棲息する微生物がいるかもしれない.

一方，自動詞を他動詞のように使うときには<u>前置詞</u>が必要だ.

After arriving on Mars, the astrophysicist began to speculate <u>about</u> the similarity between Mars and Earth, not the difference.
火星到着後，その宇宙地理学者は火星と地球の差異ではなく，相似を熟考しはじめた.

「よく考える」という意味の speculate は自動詞として使うからその対象物を導くのに about を書けと，ジョンから念押しされた.
　高校時代には「句動詞」という呼称で学習した表現がある. 動詞＋前置詞あるいは動詞＋副詞という分類だ. 2語以上の動詞句で他動詞，あるいは自動詞と同じ機能となると覚えればいいのである.

We <u>take off</u> our Mars suit after the shower stops.
我々はシャワーが止まってから火星スーツを脱ぐ.

The botanists try to <u>bring up</u> new vegetables affectionately like their babies in the underground farm.
植物学者は地下農園で，赤子のように愛情を込め新しい野菜を育てようと試みる.

地球では "bring up vegetables" とは言わないだろう.

We <u>care about</u> the oxygen level while we are away from the vehicle.
我々は車両から離れる間，酸素レベルを気にする.

Olympus Mons <u>stands out</u> as a magnificent mountain.
オリンポス山は壮大な山として突出している.

The sandstorm <u>went on</u> for three days.
砂嵐は3日間続いた.

（5）助動詞

動作を補足説明する助動詞（auxiliary verb）は，五文型自体には影響しない．あくまで動詞の付属の品詞だ．

しかしながら，それぞれの助動詞には，状況をより明確に伝えるという役割がある．日本語の訳ではわからない意味の微妙な差異を，理解しようと努めた．助動詞の違いは，火星での活動を正確に描写する際に不可欠だ．

> We can walk on Mars but we must wear a Mars suit. We may walk around the base area in our free time, but we must not go beyond the safe zone. We have to be monitored while we are outside. We should always be visible.
>
> 火星での歩行は可能だ．しかし火星スーツを着用しなければならない．自由時間で，基地周辺を歩くのは許可される．しかし，安全地帯を越えていくのは禁止されている．我々は外部にいる間，監視されなければならない．我々は常に視覚で確認されるべきなのだ．

> A sudden and strong whirling wind can lower our visibility, and we could lose the sense of direction. Even a small and short sandstorm may cause a surge of panic.
>
> 突然の強い旋風が我々の視界を低下させる可能性がある．そして，方向感覚を失うこともありえる．小規模で短時間の砂嵐でさえ，パニック状態を引き起こすかもしれない．

> A new sphere drone will be able to fly into a storm.
>
> 新しい球形ドローンは，嵐の中へ飛んで行ける能力があるだろう．

> One of my coworkers insists that we might be zoomed in on by aliens while we are away from the shelter.
>
> 同僚の一人がよく言うのは，我々がシェルターから離れている間に，宇宙人に目をつけられるかもしれないということだ．

ジョンは，今回の任務遂行中の行動は次の助動詞だけが必要になると言った．

1. 生命にかかわる遵守事項は must で表す．地球上での契約書などでは shall を必須の意味で使うが，火星では must だけを使用する．

   The air inside the vehicles must be always monitored.
   車両内の空気は常にモニターされていなければならない．

   You must not get out of the vehicle without permission.
   許可なく車外に出てはいけない．

2. 問題を生じさせない可能性がある行動を認める can.

   You can leave your seat if your partner covers your task.
   あなたのパートナーがあなたの任務をカバーする状況であれば，あなたは自分の席を離れることができる．

3. 上司の判断により許可を前提とする行動を認める may.

   You may sleep while the whole automatic operation and monitor systems are on.
   自動運行および監視システムが作動中は，睡眠をとってもよい．

今回の任務では，中途半端な should は不要なのだ．COVID-19 が世界中に蔓延した（pandemic）際に，日本でのマスク着用状況を思い出すと次の英文になる．

   You should wear a mask when you go out.
   外出時には，マスクを着用すべきだ．
   　多くの人が着用するのだから着用して当然ということだった．

ミツキにとっても楽しい思い出ではなかった．

(6) 形容詞
　形容詞は名詞を説明したり，状況を説明したりする．火星でも，経験を描写する際には人としての思いがあるので，どうしても印象や感情の表現は形容詞に頼らざるをえない．

A land exploration vehicle gives me a thrilling ride in an amusement park.

地上の探査車は，遊園地のぞくぞくする乗車を私に与える.

Valles Marineris is an awesome and grandiose valley.

マリネリス峡谷は畏怖の念を抱かせる，とてつもなく大きな谷だ.

The sunset on Mars is fantastic.

火星の日没は幻想的だ.

Shooting stars are brilliant at night.

流れ星は夜に輝く.

火星探査では，地球上の同じような事象との比較が重要になる.

Valles Marineris is much deeper and wider than the Grand Canyon.

マリネリス峡谷はグランドキャニオンより深くそして広い.

The sunset on Mars is more fantastic than that at Waikiki Beach.

火星の日没はワイキキビーチでの日没（代名詞 that）よりも幻想的だ.

比較できないほどの規模では形容詞は最上級になる.

The Euro base informed us of the most extensive sandstorm that they had ever recorded.

ユーロ基地は，彼らが記録したことがない最も広範囲におよぶ砂嵐を我々に知らせてきた.

米国の訓練時に，英文法的に可能でも数学的にはありえない最上級の表現があることを見つけた.

We cannot find the largest number.

我々は最も大きな数字を見つけられない.

ある数学に関する本を読んでいるときにわかったことだった.

There is no last number. The process of counting cannot conceivably be terminated. Every number has a successor. There is an infinity of numbers.

Tobias Dantzig, *Number - The Language of Science*

最後の数はない．数えるという過程は考えられる限り，終わりにはならない．すべての数は，それに続く数を持つ．数字には無限がある．

　形容詞を使うと記述が抽象的になるので，ミツキは形容詞の内容をなるべく具体的に補足するように心がけている．

The expedition today was unusually risky. We witnessed a meteorite crash within our sight, only 1.2 km away from my vehicle.

本日の探査は珍しく危険だった．我々の目視の範囲である，車両からわずか1.2 キロで隕石の衝突を目撃した．

(7) 副詞

　副詞は動詞あるいは形容詞を説明する．副詞の不適切な使用はもちろんのこと多用も効果的でなくなる可能性があることを，ミツキは訓練生時代に学んだ．
　ホームページで見つけたある広告の英文が気になった．

This new portable barcode scanner can work efficiently, smoothly and reliably under any circumstance.

この新しい携帯バーコードスキャナーは，いかなる状況でも，能率よく，順調に，そして信頼できるように機能します．

　ほめことばがいくらあっても，購入する気にはならない．機器の説明に必要なのは，具体性を持った補足情報だ．
　火星での屋外作業の場合，極寒の状況でも機能する機器が必要になる．

For outside activities we need a portable and wireless barcode scanner that can function properly even at a temperature of minus 50 degrees Celsius.

屋外活動のため，我々は摂氏零下 50 度でも正常に作動できるワイヤレスの

手持ちバーコードスキャナーが必要だ.

副詞は形容詞も強調する.

Our next mission must be highly organized.
私たちの次の任務は，高度に組織化されなければならない.

(8) 前置詞

ミツキはジョンに言った.「日本人にとって難しい英単語は専門用語ではなくて前置詞だよ」ジョンは怪訝そうな表情だった.「専門用語の日本語訳はいつも1つだけど，前置詞は日本語に訳しづらい」

ミツキは前置詞の学習でも，冠詞と同じように苦労した.日本語の訳だけでは説明できない働きがあるからだ.

ミツキは，幼児の無邪気さが大切だと思い，英語で書かれた童話を学生時代に頻繁に音読した.そうすると，前置詞は，気持ちの微妙な違いを表現することに気づいた.

at は受験参考書では「場所の場合，比較的狭い場所を表す」という説明だけだったが，童話の多読の結果,「安心の at」がイメージできるようになった.

at home（家にいると安心）
at the desk（仕事ができて安心）
at the table（食事ができて安心）
at the north entrance（駅は大きいけど，北口は1か所で間違いなく会えるね，安心）

時刻についても，

in the morning（午前中って何時だよ）

だけでは不十分なので，

at 10 in the morning（午前10時なのね，安心）

というような感じだ.

エンジニアになってからは，場所，時刻ばかりでなく，数量，金額，納期などの重要情報に関する前置詞に注意が必要になった．3,000 に増やすのか，3,000 を増やすのかでは，製造量に大きな差がでる．

The residence administration is planning to increase the exercise area by 15%.

居住区の管理局は，運動エリアを 15％増やすことを計画している．

As a result, the exercise area will be increased to approximately 230 square meters.

結果として，運動エリアはおよそ 230 平米に増えることになる．

火星の日常生活でも前置詞の重要性は変わらない．

Breakfast starts at 6:00 and is served until 7:30. You must come to the cafeteria by 7:20. The doors are closed at 8:00.

朝食は 6 時にはじまり，7 時 30 分まで支給される．食堂へ 7 時 20 までに来なければならない．ドアは 8 時に閉められる．

You must keep digital contact with medical support staff. Make your private physical data open to them.

医療支援職員と絶えず常に電子的な接触をとらなければならない．個人の身体データを彼らに公開してください．

You must take part in the gravitation exercise every two days.

二日に一度，重力運動に参加しなければならない．

Books and magazines for leisure reading in the M-net can be translated into your native language.

M ネット内の娯楽用書籍と雑誌は，あなたの祖国の言語に翻訳が可能です．

A new residence is under construction now.

新たな住居が現在建設中だ．

We sometimes see two small moons above the horizon.

時々，地平の上に２つの小さな月を見る．

(9) 接続詞

　緊張を強いられた１ヶ月におよぶ任務が完了した．安堵感が疲労感を制覇していた．ミッキは人生で最高の達成感を感じた．ジョンへ見せる報告書の原案をスンとともに作成した．そこには，文章と文章を結ぶ接続詞が生き生きと使われている．

Our final mission started as scheduled, and covered the first distance without trouble, so John, Sun, and the other crews were satisfied.

私たちの任務は予定どおりはじまった．そして問題なく最初の距離を走破した．それでジョン，スンおよびほかの乗務員は満足だった．

On Day 4 we confirmed a sandstorm on the weather monitor, but nobody was worried about it, for we did not see it with our own eyes.

４日目に天候モニターで砂嵐を確認した．しかし誰も心配しなかった．肉眼で見えなかったからだ．

On Day 8 we stopped to launch a Mars drone. The captain asked me, "Do you want to operate it yourself or do I make it fly itself?"

８日目に火星ドローンを飛ばすために停車した．隊長は私に尋ねた．「君は自分で操縦したいかい，あるいは，それを自動で飛ばそうか」

Sun suggested me that I take it to have a closer look at the land condition ahead of us.

スンは，これから行く先の土地の状態をよく見るために，私がやるべきだと助言した．

While I was controlling it, I could not leave my seat. When the drone returned to our vehicle, I took a short break, as Sun covered my task.

私はそれを操縦している間，離席できなかった．ドローンが私たちの車両に

戻ってきたときに，スンが私の業務をカバーしたので，私は短い休憩をとった．

Whenever I feel tired, Sun is helpful.
私が疲れを感じるときはいつも，スンは助けてくれる．

As soon as I returned to my seat, the captain informed us of the route we would take. He told us that we would reach the edge of the valley in 7 days as long as the weather condition was fine.
私が席に戻るとすぐ，隊長は我々がとるルートを私たちに告げた．彼は，天気がいい限りでは，谷の端に7日で到着すると私たちに言った．

"After we reach there, we will construct a shelter."
「そこへ到着した後，シェルターを建築する」

"We cannot transport Mitsuki, John and Sun to the bottom of the valley until the drone inspection confirms the safety under there."
「我々は，ドローンがそこでの安全を確認するまで，ミツキ，ジョンおよびスンを谷の底部へと移送できない」

On Day 18 because the repeated drone inspections confirmed the safety down there, we descended into the abyss.
18日目，繰り返されたドローンの探査がそこでの安全を確認したので，私たちは深淵の中へ降りて行った．

Even though we had powerful lights, we could not see the bottom soon.
強力なライトを持っていたにもかかわらず，底部がすぐに見えなかった．

I felt as if we were in a horror movie.
私は，まるで我々がホラー映画の中にいるように感じた．

　基地へ戻り，報告書をまとめているときに，スンが助言をしてきた．「接続詞が続くと，読み手はうんざりだ．分詞構文を混ぜよう」
　ミツキも同感だった．いくつかの文章を書き換えた．

As soon as we arrived at the bottom, we started our inspection. ⇒

On arriving at the bottom, we started our inspection.

底部に到着するとすぐに，私たちは探査を開始した．

We walked around on the bottom and touched it and collected data with a hand-held scanner. ⇒

We walked around on the bottom and touched it, collecting data with a hand-held scanner.

私たちは底部を歩き回り，そして触り，そして手持ちのスキャナーでデータを集めた．

しかし，次の部分の書き換えは躊躇した．映像にも残っている記録だ．私たちの任務は機器と肉眼で確認したことを報告するだけなのだが…

What we eyewitnessed at the bottom of Valles Marineris was unbelievable. It was unnaturally flat like the floor of Grand Central Station in NYC. Unless we had been wearing Mars boots, we could have felt its smoothness.

私たちがマリネリス峡谷の底で目撃したのは信じがたいものだった．ニューヨーク市のグランド・セントラル駅の床のように不自然に平らだったのだ．もし火星ブーツをはいていなければ，そのなめらかさを感じることができただろうに．

　以上でチャプター4は終わりです．拙い物語をお読みいただきありがとうございます．

　私は多くの英文を読むことで，英語力を向上させてきました．なかでも，小説の多読は，英語での疑似体験ができ，語感を身につけることで有効だったと思います．特にSFは，想像力を刺激し，思考の視野を拡大させてくれます．

　英語学習の独習書をまとめるという計画がまとまったときに，一部にでも，私のこの経験を盛り込みたいと思い，異例の試みですが「架空の話」のなかで英文法の要点を説明することにしました．

　紙面の制約のため，また物語の展開や描写の都合上，必ずしもわかりやすい記述にはなっていないかもしれません．しかしながら，英語を理解するための最も重要な規則である，五文型，時制，品詞については，それらの要点を網羅できたと思います．主人公に感情移入していただき，英文を繰り返し音読されることをおすすめします．

　なお，ミツキの名前は，三月を「ミツキ」と読んだものです．英語の March は，古代ローマにおける軍事・農耕の神 Mars に由来するという背景を踏まえ，主人公の名を決めた次第です．あわせて，性の平等（gender equality）も意識しましたので，男性か女性かを特定することはあえて避けました．

　チャプター5とチャプター6では，実用的な視点で書かれた例文を読んでいく学習になります．

CHAPTER 5

手と指の動きにかかわる英語

　デジタルということばからどのような意味が連想できますか？　情報技術にかかわる器具とか機能とかを思い浮かべる人が多いと思います．英和辞書を調べると，英語の digital には「指の」という意味があることがわかります．それがこの単語のもともとの意味でした．スマホを指で操作するたびに，このことを思い出します．

　このチャプターでは，ものづくりの現場で本領を発揮する手と指の働きについて，「あおぐ」から「わる」までの約 150 のキーワードをもとに例文を用意しました．手先の感覚で，単語や文章を覚える形式です．

　日本語訳は英文と日本語が比べやすいように逐語訳にしてあります．日本語のキーワード，英文，日本語訳の順番で記載があります．補足説明が記述されている箇所もあります．

　キーワードはひらがな表記ですが，日本語訳では漢字になっているところもあります．英文の下線部分がキーワードに対応する動詞や動詞を含んだ語句です．対応する日本語訳にも下線がついています．

(例)
□あける

　　The visitor opened the door.

　　訪問者はドアを開けた.

　主語は基本的に人です．語彙力強化を意識して，職種，身分，立場がわかるような単語を使いました．文献からの引用英文もあわせてお読みください．

　チャプターの後半では，「5つの追加情報」として「親指」，「指紋」や「爪」などに関する英語表現を紹介しています．

5.1 手と指の働きの英語

□あおぐ

It was hot. A construction worker fanned herself with her hands.

☞再帰代名詞

暑かった. 工事現場の労働者は（自分自身を）手であおいだ.

□あおる

Do not stir up a BBQ fire with a fan.

バーベキューの火を団扇であおらないで.

□あける

The visitor opened the door.

訪問者はドアを開けた.

□あげる

The engineer raised the lever.

技術者はレバーを上げた.

□あたためる

Mother warmed up the cold hands of her small daughter with her bare hands.

母親は素手で小さな娘の冷たい手を温めた.

□あつかう

It is important to handle different types of wrenches properly.

異なった種類のレンチを適切に扱うのは重要です.

　wrench を spanner と呼ぶ人もいます. めがねレンチは形状によって, lug wrench とか ring spanner という表現もあります.

□あぶる

Grandmother grilled dried squid over the hibachi.

祖母はスルメを火鉢であぶった.

　hibachi は英語になりました.　　　　　　　　　　☛外来語

□あむ

Textile workers weave beautiful cloth.

織物工は美しい布を編む.

□あやつる

A game addict manipulates a joystick skillfully.

ゲーム中毒者は操縦桿（ジョイスティック）を巧みに操る.

□あらう

Employees must wash hands before returning to work.

従業員は仕事に戻る前に両手を洗わなければならない.

□いじる

Couch potatoes fiddle with smartphones while they are watching TV.

カウチポテトの人々は，テレビを見ている間スマホをいじる.

　couch potato は長椅子に座ったまま長時間を過ごす人の意味です.

□うごかす

The botanist moved the vase by himself.

植物学者はその花瓶を一人で動かした.　　　　　　☛再帰代名詞

□うつ

The slugger hit a game-ending grand slam.

その強打者がサヨナラ満塁ホームランを打った.

□ うらがえす

The doctor turned over the medical chart.

医者はカルテを裏返した.

□ えがく

American children draw the sun in yellow.

アメリカの子どもたちは太陽を黄色で描く.

□ えぐる

The sculptor is famous for gouging wood with a simple carving tool.

その彫刻家は簡単なノミで木をえぐるので有名です.

□ おく

Travelers put down their passport on the scanner at the passport control.

旅行者は入国審査でスキャナーの上にパスポートを置く.

□ おさえる

A nurse held the entrance door for an inpatient in a wheelchair.

看護婦は車いすの入院患者のために入口のドアを押さえた.

□ おしこむ

Do not stuff so many things in the toolbox.

道具箱にそんなに多くの物を詰め込まないで.

□ おす

Please push the button to open the door.

ドアを開けるためにドアのボタンを押してください.

　誤作動防止のため「長押し」という表現が使われることがあります. つい

long push と言いたくなります．その場合 "How long?" と質問がでてきて，その答えも必要になります．最初から「動きはじめるまで押し続ける」と説明するのが妥当でしょう．

Keep pushing the start button until the device starts working.
機器が動きはじめるまでスタートボタンを押し続けてください．

□おとす

Galileo Galilei dropped two different things from the Leaning Tower of Pisa to measure their time of descent.
ガリレオは，ピサの斜塔から落下速度を測るために 2 つの異なった物を落とした．

□かきまぜる

A chef stirred the soup in a pot slowly with a ladle.
料理人はお玉でゆっくりと鍋のスープをかき混ぜた．

□かく

　字を書くは write，線で絵を描くは draw，絵具などで色をつけるときは paint というように異なった動詞で表現します．

Graduate students have to write academic papers.
大学院生は学術論文を書かなければなりません．

The musician composes beautiful music.
その音楽家は美しい曲を書きます（作曲する）．

　申込書に活字体で書く際には print という指示があります．

Please print your name and contact address in the following blanks.
以下の空欄に名前と住所を活字体で記入してください．

The designer is drawing the shape of a new car.
デザイナーは新車の形を描いているところです．

Mother showed her child how to sketch their pet dog.
母親は子どもにペットの犬をスケッチする（略図を描く）方法を示した．

かゆいところをかくという場合には scratch を使います

You should not <u>scratch</u> a mosquito bite.

蚊に喰われたところを<u>かいたら</u>だめです.

□かくす

The secretary was <u>hiding</u> the eyes-only document under the filing cabinet.

秘書は, ファイル書庫の下に, 機密文書を<u>隠して</u>いた.

　　eyes-only（目だけ）は, メモもダメ, 話すのもダメ, 写メもだめという意味です.

□かける

The easiest way to put out fire is to <u>put water on</u> it.

火を消す最も簡単な方法は, <u>水をかける</u>ことです.

□かざす

The astronomer was <u>holding</u> his right hand above his eyes to watch the sunset.

天文学者は, 日没を見るために右手を目の上に<u>かざして</u>いた.

□かざる

The store clerks <u>decorated</u> the Christmas tree with small toys.

店の従業員はクリスマスツリーを小さなおもちゃで<u>飾った</u>.

□かぞえる

Even intelligent mathematicians sometimes use their fingers to <u>count</u> numbers.

知的な数学者でさえ, <u>数える</u>のに時々指を使う.

□ かたどる

The potter formed the shape with clay.

陶芸家は粘土で形を作った（象った）.

□ かたむける

The professor tilted his pen on the desk to show the image of The Leaning Tower of Pisa.

教授はピサの斜塔のイメージを見せるのに，自分のペンを机の上で傾けた.

□ かなでる

The violinist performed enchanting music.

バイオリン演奏家は，うっとりするような音楽を演奏した.

□ かぶせる

The hospital volunteer covered the sick boy with a blanket.

病院のボランティアは，病気の少年に毛布をかぶせた.

□ かぶる

The factory workers wear a helmet.

工場労働者はヘルメットを着用する.

□ きる

I had my hair cut.

私は髪の毛を切ってもらった.

　　自分では切っていないということです.　　　　　　　　　☛構文

□ くしゃくしゃにする

The manager screwed up the document.

課長は文書をくしゃくしゃにまるめた.

□ くすぐる

The small girl tickled her father's beer belly.

少女は父親のビール腹をくすぐった.

□ くだく

The burglar crushed the plastic piggy bank with his right fist.

泥棒は，右の拳でプラスチックの豚の形の貯金箱を砕いた.

□ くみたてる

It was not difficult to assemble the bookcase by myself.

本棚を一人で組み立てるのは難しくなかった.

□ くむ

The climber scooped up water with their hands at the fountain.

泉で，登山者は両手で水をくんだ.

□ けす

Erase unnecessary memos in the notebook.

ノートの不要なメモを消しなさい.

□ けずる

The Japanese head chef shaves *katsuobushi*, dried bonito, every morning.

日本人の料理長は，毎朝かつおぶしを削る.

　「かき氷」は shaved ice です.

□ こす（ろ過する）

Campers filter river water and boil it.

キャンパーは川の水をこして，そして沸騰させる.

□こする

Do not rub your eyes with your hand.

手で目をこすってはいけません.

□こていする

The villagers secured the wooden wall with mud.

村人は,木製の壁を泥で固定した.

□こねる

Unexperienced people cannot knead flour and water into dough very well with their hands.

未経験者は,小麦粉と水を上手にこねてパン生地にできない.

□こぼす

The programmer is so careless that he sometimes spills coffee on his computer keyboard.

そのプログラマーは非常に不注意なので,時々キーボードの上にコーヒーをこぼす.　　　　　　　　　　　　　　　　　　　　　　☛構文

□ころがす

The small child rolled a baseball because it is still too big for him to throw.

小さな子は,投げるには大きすぎるので,野球のボールをころがした.

□さがす

The cave explorer used his hands to look for the flashlight in total darkness.

洞窟探検家は,完全な闇のなかで懐中電灯をさがすために両手を使った.

□さく

Can you <u>tear</u> a dried squid vertically?

干しイカを縦に<u>さけますか</u>？

□ささえる

Please <u>prop up</u> his head with your hands while we carry him to the ambulance.

彼を救急車に運ぶ間，両手で彼の頭を<u>下からささえて</u>ください．

□さしだす

The courier <u>proffered</u> a crumpled invoice.

配達員はしわくしゃの送り状を<u>差し出した</u>．

□さす

The lunatic <u>stabbed</u> passersby.

狂乱した人が複数の通行人を<u>刺した</u>．

□さする

Mother <u>rubbed</u> the back of her crying baby.

母親は泣いている赤ちゃんの背中を<u>さすった</u>．

□（魚を）さばく

This visual cooking book tells you how to <u>fillet</u> and prepare a fish for cooking.

この絵がついた料理本は，魚の<u>さばき</u>方と調理の準備のしかたを教えてくれます．　　　　　　　　　　　　　　　　　　　　　　☛無生物主語

□しばる

Rescue workers have to learn how to <u>tie</u> ropes in different ways.

救助隊員は，異なった方法でロープを<u>縛る</u>方法を学ばなければならない.

□しぼる

Please <u>squeeze</u> a lemon over the salad.
サラダの上でレモンを<u>絞って</u>ください.

□しめす

The passenger <u>presented</u> her passport at the security gate.
旅行客は防犯ゲートでパスポートを<u>示した</u>.

□しめる

My niece <u>closed</u> the window to keep the room warm.
私の姪は部屋を暖かく保つために窓を<u>閉めた</u>.

□すえる

The city staff <u>installed</u> large fans for evacuees in the gym.
市の職員は避難者のために体育館の中に大型扇風機を<u>設置した</u>.

□すく

The farmer <u>plowed</u> the dry and hard soil.
農夫は固く乾いた土地を<u>スキですいた</u>.

□すくう

The biologist tried to <u>scoop up</u> tadpoles with her hands in the shallow pond.
生物学者は，浅い池でオタマジャクシを両手で<u>すくおう</u>とした.

□すすぐ

The backpacker <u>rinsed</u> her dirty towel in the clean water of the cascade.
バックパッカーは，小さな滝のきれいな水で汚れたタオルを<u>すすいだ</u>.

□すてる

You should put waste in the trash can.

ゴミはゴミ箱に捨てるべきです.

□すべらせる

The transporters slid cardboard boxes across the floor to the exit.

運搬人たちは出口まで, 段ボールを床の上を滑らせた.

□ずらす

It is better to displace the TV set anteriorly.

テレビを前にずらしたほうがいい.

□する（擦る）

Some young people cannot strike a match.

何人かの若い人はマッチを擦ることができません.

□せばめる

I would like you to narrow the gap between the shelves.

私はあなたに棚の間の隙間をせばめてほしい.　　　　　　☞構文

□そぐ

The cook is learning how to slice carrots diagonally.

その料理人は, ニンジンを斜めに削ぐやりかたを習っているところだ.

□そそぐ

Please pour boiling water into a cup noodle.

カップヌードルに熱湯を注いでください.

　　ここで hot water という単語を使うと, 英文としては誤りはありませんが,
おいしくはできあがりません.

□そなえる

Many Japanese people visit their ancestor's grave and offer flowers in March and September every year.

多くの日本人が毎年3月と9月に先祖の墓を訪れ，花を供える.

□そらせる

Is it possible to warp a veneer board with hands only?

手だけでベニア板を反らすのは可能ですか？

□そる

The entertainer shaves his face carefully every morning.

その芸能人は毎朝気をつけて顔のひげを剃る.

□たぐる

The fishermen drew the net from the ocean.

漁師たちは海から網をたぐった.

□たたく

Some customers thrum on the table.

何人かの客はテーブルを指でたたく.

□たばねる

The florist bundled several different types of flowers to make a bouquet.

花屋は，花束を作るのにいくつかの異なった種類の花を束ねた.

□ちぎる

My ex-husband often tore lettuce into smaller pieces.

私の前の夫は，しばしばレタスをより小さめにちぎった.

□ちらす

The pâtissier sprinkled powder sugar on the cake with his sensitive fingers.

パティシエは彼の繊細な指で，ケーキの上に粉砂糖をちらした．

□つかむ

Mother grabbed her mischievous child's hand.

母親はいたずらをする子の手をつかんだ．

　つかみそこねる場合には fumble という動詞を使います．野球やフットボールでよく使う表現です．

The third baseman sometimes fumbles a ground ball.

その三塁手は時々ゴロをファンブルする．

□つく

The novelist was so tired that he had to place both hands on the table to stand up.

小説家は非常に疲れていたので，立ち上がるのにテーブルに両手をつかなければならなかった．

□つける

It is too early for a little girl to put on bright lipstick.

明るい口紅をつけるのは，小さな女の子には早すぎる．

□（液体に）つける

My niece steeped pork slices in soy sauce for 30 minutes.

私の姪は，豚肉のスライスを 30 分醤油につけた．

□（火を）つける

The salesperson lighted a cigarette with a lighter.

販売員はライターでタバコに火を<u>つけた</u>.

□つっこむ

The Boy Scout leader <u>thrust</u> his fingers into his mouth and whistled.
ボーイスカウトのリーダーは指を口に<u>つっこみ</u>, 口笛を吹いた.

□つつむ

The store clerk <u>wrapped</u> the box up meticulously in beautiful paper.
店の店員は, きれいな紙で几帳面に箱を<u>包んだ</u>.

□つなぐ

A cleanup crew <u>connects</u> a hose to a faucet.
清掃担当者はホースを蛇口に<u>つなぎます</u>.

□つねる

Is it a good idea to <u>pinch</u> your own cheek to keep awake when you are really sleepy?
本当に眠いときに目をさましているために, 自分のほほを<u>つねる</u>のはいい考えですか?

□つぶす

You should <u>crush</u> empty plastic bottles.
空のプラスチックボトルは<u>つぶす</u>べきだ.

□つまむ

Some people <u>pinch</u> their nose shut when they smell something awful.
匂いがひどいときに, 何人かの人は鼻を<u>つまむ</u>.

□つむ

Girls like <u>picking up</u> beautiful small flowers.

少女はきれいな小さな花を<u>つむ</u>のが好きです.

□とぐ

The head chef <u>sharpens</u> his kitchen knives with a whetstone.
料理長は自分の包丁を砥石で<u>とぐ</u>.

□とじる

Some of the students had <u>closed</u> their textbooks before the class was over.
何人かの学生は授業が終わる前に教科書を<u>閉じ</u>てしまった.

□とばす

The airline pilot likes <u>flying</u> paper airplanes outside.
その飛行機のパイロットは,外で紙飛行機を<u>飛ばす</u>のが好きだ.

□とめる

The grandmother <u>stopped</u> the toddler from stepping out into the busy street.
祖母は,よちよち歩きの幼児が交通量の多い通りに出るのを<u>止め</u>た.
　「ボタンを留める」では,button をそのまま動詞としてつかいます.
Many people do not <u>button</u> the first button on their shirts.
多くの人々は,シャツの一番上のボタンは<u>留め</u>ません.

□とる

The librarian <u>took</u> a copy of a free weekly leaflet from the counter.
図書館員はカウンターから無料の週刊のチラシを1枚<u>とった</u>.

□なぐる

The suspicious man <u>punched</u> the police officer several times with his fists.

不審人物は両方の拳で警察官を数回なぐった.

□なげる

Some adults enjoy throwing pebbles into a river.

何人かの大人は，川へ小石を投げるのを楽しむ.

□なぞる

The geographer traced the driving route on the map with her index finger.

地理学者は人差し指で，地図上の車でのルートをなぞった.

□なでる

I hear that it is rude to caress the head of a child in Thailand.

私は，タイでは子どもの頭をなでるのはよくないと聞いている.

□ならす

The street performer kept snapping his middle finger and thumb rhythmically.

路上芸人はリズムにのって中指と親指で音を鳴らし続けた.

「指パッチン」は finger snapping と言います.

□ならべる

Do you know how to allocate the pieces on a chessboard?

チェス盤の駒の並べ方を知っていますか？

□にぎる

Grip the hammer firmly when you use it.

ハンマーは使うときにはしっかり握れ.

□ぬぐ

The athlete took off his running shoes.

運動選手は運動靴を脱いだ.

□ぬぐう

How can you wipe sweat from your forehead in a biohazard suit?

防護服を着ているときに，どうやって額の汗をぬぐえますか？

□ぬらす

It is better to wet your hair gently with your hands before you shampoo it.

シャンプーする前に，やさしく両手で髪の毛を濡らすとよい.

□ぬる

The newly-married couple painted the old wall in white.

新婚カップルは古い壁を白く塗った.

□ねる

Kneading the clay seems a good practice for the aged to stimulate their fingers.

粘土をねる（こねる）のは，高齢者が指を刺激するのにいいエクササイズのようだ.

□のばす

The teacher extended the number line to the end of the blackboard.

先生は数直線を黒板の端まで伸ばした.

□はかる

One of the outdated methods to find the proper amount of water to cook

rice in a pot is to <u>use</u> your index finger <u>as a measuring device</u>.
鍋で米を炊くための水の適量を見つける時代遅れの方法の1つは，人差し指を<u>計測装置として使う</u>ことだ.

□はぐ

The interior coordinator showed how to <u>strip</u> the old wallpaper <u>off</u> the wall.
インテリアコーディネーターは壁から古い壁紙の<u>はがし</u>方を示した.

□はさむ

Generally, we <u>pinch</u> a peanut between our thumb and index finger to eat it.
一般的に我々は一粒のピーナッツを食べるのに，親指と人差し指で<u>はさむ</u>.

□はじく

The child <u>flicked</u> his fingers at the ladybug on the outdoor table.
子どもは，屋外のテーブルの上のてんとう虫を指で<u>はじいた</u>.

□はたく

The homemaker <u>patted</u> the *futon* on the balcony.
主婦はベランダで布団を<u>はたいた</u>.

□はねる（とりのぞく）

Two staff members are positioned to <u>remove</u> smaller ones from the flowing items on the assembly line.
組立工程で流れてくる物から小さ目の物を<u>はねる</u>のに，二人の職員が配置されている.

□はめる

The repair mechanic <u>fit</u> the battery onto the charger.

修理工は，バッテリーを充電器に<u>はめた</u>.

□はらう

You must <u>flick</u> dust <u>off</u> carefully before you enter the lab.

実験室に入る前に，埃を注意深く<u>はらわな</u>ければならない.

□はる

<u>Taping</u> windows hardly strengthens the glass.

窓にテープを<u>はって</u>も，ほとんど強くはならない.

□はわせる

The interior designer tried to <u>lay</u> new cables without removing the floor carpets.

インテリアデザイナーは，床の絨毯をはがさずに新しいケーブルを<u>はわせた</u>.

□ひく

The graphic designer <u>drew</u> a straight line without a ruler on a piece of paper.

グラフィックデザイナーは，紙の上に定規なしで直線を<u>引いた</u>.

□ひたす

The chemist <u>dipped</u> the sponge into alcohol completely.

化学者はスポンジをアルコールに完全に<u>浸した</u>.

□ひっくりかえす（うらがえす）

The pharmacist <u>turned over</u> the prescription copy on the table.

薬剤師はテーブルの上で処方箋の写しを<u>ひっくりかえした</u>.

□ひっぱる

The floor manager <u>pulled out</u> the cord from the vacuum cleaner.

売り場責任者は電気掃除機からコードを引っぱり出した.

□ ひねる

The burglar twisted the dial of the safe 180 degrees.

強盗は金庫のダイアルを 180 度ひねった.

□ ひらく

A group of housewives opened a small café near their houses.

主婦のグループは，家の近くで小さなカフェを開いた.

□ ひろう

The school overnight cleaner picks up litter in the corridor at night.

学校の夜間清掃員は，夜間に通路のゴミを拾う.

□ ふきかける

The maintenance personnel sprayed a mist of oil above the gears.

保守担当者はギアに油を霧状にふきかけた.

□ ぶつ

It is not good parenting to hit a child.

子どもをぶつのは良いしつけではない.

□ ふる

The engineer shook the container to mix water and salt.

技術者は水と塩を混ぜるのに容器を振った.

□ ふるい（篩）にかける

The househusband sifted flour into a bowl through a sieve.

主夫はこし器で小麦粉をふるいにかけ，ボウルに入れた.

□ふれる

Do not touch the animals.

動物には手を触れないで.

□へらす（盛る量を手で減らす）

Would you reduce the amount of rice a little?

ご飯の量を少し減らしてください.

□ほじる

The curator often picks his nose when he is alone.

博物館館長は一人のときによく鼻をほじる.

□ほどく

Please do not cut the knot but undo it.

結び目を切らずにほどいてください.

□ほる

It is not hard to dig a hole with bare hands at the wet sand beach.

湿った砂浜では, 素手で穴を掘るのは大変ではない.

□まきちらす

Many of the concert audience strewed empty bottles and litter over the outdoor venue.

多くのコンサートの聴衆が, 屋外会場に空のビンやゴミをまきちらした.

□まく

Several popular TV personalities threw beans over the crowd at the *Setsubun* Festival on the 3rd of February.

何人かの TV タレントは, 2 月 3 日の節分で混雑した人の頭上に豆をまいた.

□まさぐる

The news reporter groped for the USB stick in her purse with her left hand while she was interviewing a movie star.

ニュースレポーターは，映画スターにインタビューしながら，USB を探すのにハンドバッグの中を左手でまさぐった．

purse は米国では，女性用ハンドバッグの意味になります．　☞英語・米語

□まぜる

The sitting magician mixed cards up on the table in front of the standing audience.

座っているマジシャンは，立っている観客の前のテーブルの上でトランプをまぜた．

□まるめる

The playwright crumpled several used papers into a ball.

脚本家は使用済みの紙を丸めてボールにした．

□まわす

Spinning a coin on a table is an easy way to decide on one of two choices.

テーブルの上でコインを回すのは，2 つの選択肢から 1 つを決めるのに簡単な方法です．

□みがく

The chauffeur polishes the president's car every weekend.

運転手は毎週末に社長の車をみがく．

□むく

A chimpanzee peels the skin of a banana downward.

チンパンジーはバナナの皮を下へむく．

□むしる

It is often troublesome to nip off weeds in the garden.

庭の雑草をむしるのはたいてい骨が折れる.

□むすぶ

The little girl is good at tying a ribbon into a bow over a box.

その少女は箱を覆うようにリボンを蝶結びするのが得意だ.

□もつ

The tour guide will hold a big sign board up to welcome your group at the airport.

ガイドが空港であなたのグループを迎えるために, 大きなサインを持っています.

□もむ

The accountant likes having his shoulders massaged by the barber after his haircut.

その会計士は, 散髪屋に散髪後に肩をもんでもらうのが好きだ.

My wife asked me to rub cucumbers with salt.

妻は私に, キュウリを塩もみしてくれと頼んだ.

□もる

The home helper put more rice into his bowl than usual.

お手伝いさんは彼にいつもより多くご飯を盛ってくれた.

□ (毒を) もる

The wicked woman poisoned the drink to kill her husband.

その悪い女は, 夫を殺すために飲み物に毒を盛った.

□ゆする

The bartender jiggled the cocktail shaker up and down rhythmically.

バーテンダーはリズムよくカクテルシェーカーを上下にゆすった.

□ゆびさす

The proofreader pointed out the grammatical error on the monitor with her index finger.

校正者は人差し指により，モニター上で文法の誤りを指差した.

□ゆるめる

It is easy to loosen the screw.

ネジをゆるめるのは簡単だ.

□よじる（捻じ曲げる）

The professional wrestler curved the steel bar.

プロレスラーは鋼鉄のバーをよじった.

□よる（編む）

At first the craftsman twisted threads into strings and then strings into a rope.

はじめ，職人は糸をねじって紐にして，それから紐をよってロープにした.

□わる

He is good at breaking eggs open with his left hand.

彼は左手で卵を割るのが得意です.

5.2　5つの追加情報

ここからは，手指に関する追加の情報を紹介していきます．

(1) 親指

まず，opposable thumb という表現です．「親指の先がほかの4本の指先と向き合うことができる」という意味です．簡潔な日本語訳がありません．

> **The opposable thumb gives us the ability to use our hands to exploit tools.**
> opposable thumb は，我々に道具をうまく使う能力を与えた．

次に日常生活での親指を使った英語表現を見てみましょう．

> **He has a green thumb, and he likes thumbing through a botanical magazine in bed.**
> 彼は園芸が得意で，ベッドで植物雑誌をパラパラと読むのが好きです．

> **Recently he has learned a rule of thumb to grow beautiful flowers.**
> 最近，彼はきれいな花々を育てるためのだいたいのやり方を学んだ．

> **He takes pictures of the flowers and gives them a thumbs up.**
> 彼は花の写真を撮り，「いいね」のサインをつける．

ストップウォッチを操作するのも親指です．

> **A slip of the thumb on the stopwatch gave him a hard time.**
> ストップウォッチの上の親指の失敗が，彼に難しい時間を与えた．

> **He is under the thumb of his wife.**
> 彼は奥さんの尻にしかれている．

> **He caught himself chewing the tip of his right thumb.**　　☞再帰代名詞
> 彼は，気がつくと右の親指の先を噛んでいた．

He is all thumbs.
彼は全部親指だ. ⇒ 彼は不器用だ.

しかしながら，親指だけの巧みなスマホ操作の普及から，数年後には，この英語の意味が変わるかもしれません.

今は，smartphone thumb には注意が必要でしょう. 親指を痛めることもあるようです.

The repetitive movement of texting is named "smartphone thumb".
メッセージ受送信の繰り返しの動きは，「スマホ親指」と名づけられています.

(2) ガリレオの指

ガリレオの切り取られた右手中指が，フィレンツェのガリレオ博物館に，透明な容器に入って上を指さした状態で展示されているそうです.

Preserved in a reliquary like the bone of a saint, the long, thin finger has been mounted so that it points upward, as though beckoning to the sky.

George Johnson, *The Ten Most Beautiful Experiments*

聖者の骨のように聖なる容器に保存され，その長く細い指は上を指すように固定され，まるで空を手招きしているようだ.

実際にこの目で確かめたいものです.

(3) 指の意味の digit

数学で「桁」の意味になる digit という単語には，「指」という意味もあります.

A few mammals also possess a functional sixth digit – the panda, whose false "thumb" has been a staple of these essays, and several species of moles. But these false thumbs are formed from extended wrist bones, and are not true digits at all.

Stephen Jay Gould, *Eight Little Piggies*

哺乳類にも機能的な6番目の指を持つものが若干いる. パンダがそうで，その偽

の「親指」は，こういったエッセイでの主要な話題である．そしてモグラのいくつかの種にもある．しかし，これらの偽の親指は，手首の骨が伸びて形成されるので，本当の指では全くない．

このチャプターの冒頭で紹介したとおり，digital には「指」という意味もあるということです．

(4) 指紋

指紋は，警察の捜査における犯人特定の証拠です．屋敷内で人を殺した犯人が，やっきになって自分の指紋を消そうとするレイ・ブラッドベリの短編小説 "The Fruit at the Bottom of the Bowl" の英語表現を引用します．

The fingerprints were everywhere, everywhere!　　p.34
指紋はいたるところにあった．あちこちに！
Fingerprints can be found on fabric.　　p.36
指紋は布上でも発見される．
He took the magnifier and approached the wall uneasily. Fingerprints. "But those aren't mine!"　　p.38
彼は拡大鏡をとって不安になって壁に近づいた．指紋だ．「でも，自分のではない！」
Ray Bradbury, *The Golden Apples of the Sun* に収録

また fingerprint は「痕跡」という意味で比喩的に使われることもあります．1995 年のベストセラー *Fingerprints of the Gods*（邦題『神々の指紋』）の副題 *The Evidence of Earth's Lost Civilization*（地球の失われた文明の証拠）からもわかるとおり，世界各地に残る古代遺跡は，かつて存在していた超文明を築いた太古の人々が残した指紋（痕跡）であるとの内容です．

最近では，指紋認証（fingerprint authentication）が本人確認の根拠として使用されています．

Fingerprint authentication is more secure and convenient than passwords.

指紋認証は，パスワードよりもより安全かつより便利だ．

人間の指の機能が未来でも大いに活躍しそうです．

(5) 爪

指の爪から，女性なら「マニキュア」を思い出します．manicure という単語がありますが，カタカナの使い方と違うようです．　　　　　☛カタカナ

まず「爪」は nail ですが，nail は「釘」とか「鋲」の意味にもなります．動詞として使えば「釘を打つ，固定する」という意味になります．

An urgent notice is <u>nailed</u> on the door.
緊急の通知がドアに貼られて（とめられて）います．
　粘着テープではなく，画鋲で留められているという状況です．

「手の指」とはっきり言うときには fingernail と表現したほうがいいでしょう．

化粧のマニキュア（液体）は nail polish，除去液は nail polish remover です．manicure は化粧品ではなく，指と爪に対する処置（行為）を意味します．英英辞書の定義を参照してみましょう．

<u>Manicure</u> is a cosmetic treatment of hands and fingernails, including nail trimming and polishing.
<u>マニキュア</u>は爪を削ったり磨いたりすることを含む，手と指の美容のための処置です．

この単語を見ていると，manual ということばを思い出します．取扱説明書として日本語化されていますが，形容詞としては「手先の」という意味になります．

山道での車のマニュアル走行で使うのが，manual transmission という機能です．

このチャプターの締めくくりとして，hand という単語を help の意味で使う場合を紹介します．

I'm busy. <u>Give me a hand</u>, please.

忙しい．<u>手を貸してくれ</u>．

　つまり，「手伝ってほしい」という意味です．

　近い将来，英語を理解できるはずの人間型ロボットが，人からこの指示を聞いたときに，

　Certainly, sir. Which hand would you like?

　かしこまりました．どちらの手がよろしいですか？

とまぬけな応対をしないことを願う次第です．

CHAPTER 6

事象や現象を自分の英語で説明してみる

　最後のチャプターになりました．ここでは，今後のより発展的な学習を視野に，英語の表現を英語で理解していこうとするための英文と，五文型からはみだした構文やよく使われる語句などを，日常的な事象や現象に注目しながら学んでいきます．時制，品詞の復習にもなっています．　　　　　　　　　　☞構文

　まず，このチャプターで取り上げる「英語の単語を英語で理解する」ことから説明します．ことばの「定義」を英語では definition といい，辞書や辞典などでの説明のことです．ここでは，比較的やさしい表現と短い英文を使い，英語を英語で理解するための事例を紹介します．したがって，学術的な詳細の説明にはなっていません．あくまでも，理解できる英語の表現を増やしていくための例文だとご理解ください．各項目の1つ目の例文がこれに相当します．

　チャプター2で「カタカナ」を英語で説明したのと同じ試みです．英語を英語で説明しようとする意識を持ち続けながら英語学習を続けると，英語で話したり書いたりする情報発信力の向上につながります．

　項目の選定は極めて恣意的です．50年に及ぶ英語読書で身につけた語彙から，比較的やさしく説明できそうなものを50程度選びアイウエオ順で掲載しました．

　使用する文型は，定義の場面では，基本的に第2文型：主語＋不完全自動詞＋補語（名詞・形容詞）と，「意味する」という動詞の mean を使った第3文型：主語＋他動詞＋目的語です．真理，事実などを伝えるので時制は現在形になっています．最初に短い例文を見てみましょう．

Sickness is a bad body condition.
病気は体の悪い状態です．（2）

Sickness means a bad body condition.
病気は体の悪い状態を意味します．（3）

　上記の説明は，学問的な視点では稚拙あるいは不充分でしょう．しかし sickness という単語を「病気」という日本語に置き換えて理解する学習で満足していると，英語を英語として理解するというより高次な英語学習への壁をいつまでも突破できないことになります．

　関係代名詞 which などを使って補足説明を加える例文もあります．

Sickness means a bad body condition <u>which often makes normal life difficult</u>.
病気は<u>通常の生活がしばしば困難になる</u>，体の悪い状態を意味します．

which 以降は第 5 文型で，"make A B" は「A を B にする」という意味です．

　さらに，よく使われる構文や語句などを補足の文章のなかで紹介していきます．注目すべき該当箇所および日本語訳には下線をつけました．各項目の 2 つ目以降の例文がこれに相当します．

Sickness means a bad body condition which often makes normal life difficult.（1 つ目の例文）
However, <u>it seems to me that</u> sickness means a good chance to think about the importance of health.（2 つ目の例文）
しかしながら，病気は健康の大切さを考える，<u>いい機会を意味すると私には見える</u>．

　<u>"it seems to me that" の it は文章の主語ですが，それが示す内容については that からの文章に記述されています．</u>

　以上のような形式（項目の説明文＋関連する補足説明文の組み合わせ）で，このチャプターは展開していきます．英文の作成にあたっては，今まで読んできた書籍や雑誌のほか，インターネット上で参照できる英文なども参考にしました．それらをさらに簡素化したり，より平易な語句へ修正したりしました．

　網掛けしてある英文は，ウェブでネイティブ・スピーカーの音読を確認できますので，あわせて活用してください．

□あなろじー（アナロジー，「例示，たとえ」と訳される場合もあります）

Analogy is a way to explain something unfamiliar by comparing it with something familiar or well-known to show the similar relationship between the two things.

例示は，よく知らない何かを，親しみがありあるいはよく知られている何かと比べ，2つの似た関係を明らかにして説明する方法です．

Finding habitable planets in outer space is hardly as easy as people imagine. It is something like finding your dropped contact lens at the beach.

宇宙で居住可能な惑星を見つけるのは，人々が想像するほど容易ではない．それは，砂浜で落ちたコンタクトレンズを見つけるようなものだ．

否定的な内容を伝えます．

□あるごりずむ（アルゴリズム）

Algorithm is a list of rules to write orders to tell a computer what to do.

アルゴリズムは，コンピュータに何をさせるのかを伝えるための命令を書くための一連の規則です．

Not all university students learn about algorithms.

すべての大学生がアルゴリズムを習うわけではない．

部分的な否定を意味します．

None of the students at the university learn about algorithms.

その大学の学生は誰もアルゴリズムを習わない．

全体を否定しています．

□あんごう（暗号）

Encryption is a random combination of letters, words, or symbols to send messages or store information secretly.

暗号は，秘密にして伝言を送ったり情報を保存したりするための，文字，単語，あるいは記号の規則性のない集合です．

The more complicated encryption is, the more difficult it is to decipher it.

暗号は複雑になればなるほど，解読がより困難になる．

　「the ＋形容詞の比較級…，the ＋形容詞の比較級」の形式で前者と後者の相関的な比例（反比例）を表します．

□ いんせき（隕石）

A meteorite is a chunk of rock or metal which lands on Earth through the sky from outer space.

隕石は宇宙から空を通って地上に着陸する岩や金属の塊です．

　空気中で燃え尽きるものは流れ星（shooting star）です．

It was an enormous meteorite that made dinosaurs extinct 6.5 million years ago.

6,500 年前に恐竜を絶滅させたのは，1 つの巨大な隕石でした．

　that の前の記述（恐竜絶滅の原因となった隕石）を強調します．

□ ういるす（ウイルス）

A virus is a very tiny, invisible and intangible invader which can make you sick.

ウイルスはあなたを病気にすることができる，非常に小さく，目に見えず，触ってもわからない侵入者です．

Vaccines cannot kill viruses. Simply speaking, they make viruses inactive.

ワクチンはウイルスを殺すことができません．簡単にいうと，ウイルスの動きを鈍くするのです．

　独立した分詞構文で，「簡単に話すと」という意味です．話すという動詞の主語は省略されていて重要ではありません．要約した内容を伝えるときに，文頭に置きます．

□ えいせい（衛生）

Hygiene means a series of preventive daily practices to stay healthy.

衛生は，健康でいるための日々の予防的な一連の行為を意味します．

Washing hands with soap, though it is simple, is the most effective way for better hygiene.

石鹸での手洗いは，単純ではあるが，よりよい衛生のための最も効果的な方法だ．

　挿入：思い出したように文章の途中に入れ込みます．

□えんとろぴー（エントロピー）

Entropy means level of disorder or randomness of a system.

エントロピーは，ある系の無秩序もしくはでたらめさの程度を意味します．

Never have I seen such a messy laboratory. It shows the ultimate entropy.

こんなにちらかった研究室を見たことがない．究極のエントロピーを見せている．

　倒置：語順を変えることで内容を強調します．

□おと（音）

Sound is a wave which travels in the air and water to human ears to hear.

音は人の耳で聞こえる空気中や水中を伝わる波です．

Sound waves travel through water more than 10 times faster than a tsunami, which can be applied to an early warning.

音波は水中を津波の10倍を超える速度で伝わる．これは早期警報に応用できる可能性がある．

　「直前の文章の内容を先行詞にするカンマ＋which（関係代名詞）」です．補足説明をつけ足します．

□おーろら（オーロラ）

The aurora is an aerial curtain-like show of light which appears at night in the north and south polar regions.

オーロラは南北の極圏で夜に現れる，大気のカーテンのような光のショーです．

The northern lights, aurora, do not always appear.

北の光，つまりオーロラは，常に現れるとはかぎらない．

  同格：同じ事象を別の表現で言い換えています．

  部分的な否定です．

□かざん（火山）

A volcano is a mountain which might give off fire, stones and melted rock from its top or slope.

火山は，頂上あるいは斜面から火，石，溶岩を吹き出すかもしれない山です．

  溶岩は lava とか molten rock と英訳するのが科学的ですが，ここではあえて「溶かされた岩」と表現しました．

Many Japanese people believed in the 20 century that Mt. Fuji would be the last to erupt.

20 世紀には多くの日本人が，富士山は噴火しないと信じていた．

  否定語がなくても否定の内容を伝えます．「噴火したとしても，多くの山のなかで最後」という意味です．

□かみなり（雷）

Thunder is the terrible sound caused by lightning.

雷は稲妻によって起こされる，恐ろしい音です．

The thunder was so terrifying that many people rushed into department stores.

雷は非常に怖かったので，多くの人々は百貨店に駆け込んだ．

  原因と結果：「非常に〜だったので，その結果として〜になった」という意味です．

He was so sleepy that he misunderstood lighting, as lightning.

彼は非常に眠かったので，「照明」を「稲妻」と誤解した． ☞酷似単語

□かんせん（感染）

Infection means an unintentional and unwelcome bodily intake of harmful bacteria or virus from outside.

感染は，意図せず歓迎しない外からの有害なバクテリアあるいはウイルスの身体による吸収を意味します．

It is not virus but people that spread the infection.

感染を広めるのはウイルスではなく人々です．

"not A but B"：「A ではなく B だ」という表現です．

前述（「いんせき」の項）の "it is ～ that" の強調構文にもなっています．

□きせつ（季節）

A season is one of the four cyclic periods of the year.

季節は年の周期的な 4 つの期間です．

A year never goes without four seasons in Japan.

日本では四季がなくて 1 年が過ぎることはない．

四季があり 1 年が過ぎるということです．

2 つの否定語で肯定を伝えます．負の数字と負の数字の掛算と同じ考えです．

最近はテレビドラマの放送期間にもこの season を使います．

A season in TV is a collection of serial episodes of a TV drama within a certain period of time.

テレビのシーズンは，ある一定期間内のテレビドラマの連続した放送内容です．

□きり（霧）

Fog is a layer of floating small water droplets in the air above the ground.

霧は，地面の上の空気中に漂う小さな水滴の層です．

It was not until the dense fog cleared up that the leader confirmed the number of climbers.

リーダーは濃い霧が晴上がって, ようやく登山者の数を確認した.

　「~するまで (until 以下の内容) ~は (that 以下の内容) なかった」つまり, 「~してはじめて~をした (~が起こった)」という日本語訳になります.

□けっしょう (結晶)

Crystal is a special kind of solid material with molecules to show a pattern which keeps repeating itself.

結晶は, 繰り返されるパターンを見せる分子を持つ, 特別な種類の固形物です.

What the cave explorer believed to be a crystal was nothing but a fragment of glass.

洞窟探検家が結晶と信じたものは, ガラスの破片にすぎなかった.

　nothing but は only の意味です.

□けんえき (検疫)

Quarantine is a strict isolation imposed by a medical policy to prevent an infectious disease from spreading.

検疫は, 感染症が広がるのを防ぐための医学的な方針により課せられる, 厳しい隔離です.

At a spaceport arriving passengers cannot be examined too carefully in the quarantine section before they step out into the normal life zone.

宇宙空港では, 到着の乗客たちは, 通常の生活ゾーンに足を踏み入れる前に, 検疫区域でいくら注意深く検査されてもやりすぎになることはない.

　充分すぎる状態になることはない. ⇒ 念には念を入れてする.

□さいがい (災害)

Disaster is a disruptive disorder which causes widespread human, material, economic or environmental loss beyond human control.

災害は, 人間の制御を超え人, 物, 経済, あるいは環境の広範囲な損失を引

き起こす破壊的な無秩序です.

It is impossible to stop natural disasters such as typhoons and earth-quakes.

台風や地震などの自然災害を止めることは不可能です.

　to 以下の内容を主語とする it（仮の主語）です.

□さび（錆）

Rusting means a slow and gradual damage to iron while it is in the air.

錆は, 空気中に置かれた間にゆっくりと徐々に鉄に起こる損傷を意味します.

Painting not only colorizes iron beautifully but (also) makes it rustproof.

塗装は鉄を美しく着色するばかりか, それを錆びにくくします.

　"not only A but (also) B"：「A だけでなく B も」という内容を伝えます.

□しすてむ（システム）

System is a group of objects or devices which work together in harmony with each other to serve a common purpose.

システムは共通の目的にかなうために, 相互に協調してともに働く物あるいは機器の集合です.

No sooner had the safe system sensed the initial tremor than all the functions stopped their operations.

安全システムが最初の揺れを感知するやいなや, 全体の機能は運転を止めた.

　"no sooner A than B"：「A の後すぐに B になる)」という意味になります.

　ちなみに「システム手帳」は personal organizer です.

□しつど（湿度）

Humidity is the density of water molecules in the air.

湿度は, 空気中の水の分子の濃度です.

Now that the rainy season has started, factory workers must monitor the hygrometer every two hours.

雨季がはじまったのだから，工場労働者は湿度計を2時間おきに監視しなければならない．

「～したからには」という意味を文の冒頭で伝えます．

□ じゅうりょく（重力）

Gravity is a natural force which pulls things down to the earth.

重力は，物を地上に引っ張る自然な力です．

She enjoyed escape velocity to depart from the gravity of Earth to travel into outer space, even though it was her first space flight.

彼女は，それがはじめての宇宙飛行だったにもかかわらず，宇宙へ飛び出すために地球の重力から離れるための脱出速度を楽しんだ．

「～にもかかわらず」という付加的な内容を表します．

□ しょくばい（触媒）

A catalyst is a substance which helps a chemical reaction happen faster.

触媒は，化学反応がより速く起こるのを助ける物質です．

It seems that a higher temperature in summer works as a catalyst when solid chocolate outside a refrigerator softens.

夏の高温は，冷蔵庫の外の固形のチョコレートが柔らかくなるときに，触媒として働くように見えます．

it は仮の主語で，that 以降の内容を示します．

□ しんきろう（蜃気楼）

A mirage is a tricky optical image of objects which exist actually in a different place.

蜃気楼は，実際は別の場所にある物体の，人をだますような光による象です．

炎天下の舗装道路でよく見る「逃げ水」は road mirage と表現します．

On a sizzling day some drivers see water on the road ahead of them as if it were there.

猛暑の日何人かの運転手は，前方の道路上に水がまるでそこにあるかのよう

に見える.

　as if の仮定法で，実際にはないが，まるであるようにという意味を伝えます.

□しんくう（真空）

A vacuum is a completely empty place in which there is not anything at all.

真空は全く何もない完全な空の空間です.

　vacuum cleaner は電気掃除機の意味です.

The idea of vacation is similar to that of vacuum. The former implies nothing in the business schedule, while the latter means no air in a container.

休暇の考えと真空のそれは似ている．前者は仕事の予定表に何もないということを伝えていて，一方，後者は容器の中に空気がないという意味です.

　この that は代名詞として前にある名詞（the idea）の代わりとして使われています.

　前者，後者という表現の組み合わせで，二者を比較する際に使われます.

□しんしょく（浸食）

Erosion is a natural process through which water and wind wear away rocks and soil.

浸食は，水と風が岩と土壌をすり減らす自然の作用です.

Torrential rain sometimes causes a very quick erosion, mudslide.

集中豪雨は時々非常に早い浸食を引き起こします．土砂崩れです.

　日本語の感覚だと「浸食が引き起こされる」と受身の文章が自然ですが，英語では原因を主語にして表現することもよくあります.

□せいでんき（静電気）

Static electricity is naturally produced electricity by friction.

静電気は摩擦により自然に発生した電気です.

It is advisable that you should get rid of static electricity from your body before you start filling up your car at a gas station, especially in winter, lest your static electricity (should) inflame gasoline.

ガソリンスタンドで車に給油をはじめる前に，体から静電気を除去することが求められます．特に冬です．あなたの静電気がガソリンに火をつけないように．

「〜することが賢明だ」という意味を伝える "it is 〜 that" の文章です．

lest：「〜しないように」という意味を伝えるための接続詞です．この場合の should は万が一という意味を伝えますが，省略されることもあります．

□たいしょう（対称）

Symmetry is a shape which shows an identical mirror image along its axis.

対称は，その（中央の）軸に沿って鏡に映る同一の像を示す形です．

Some artists are interested in symmetry, while others tend to disregard well-balanced designs.

対称に関心を持つ芸術家もいる一方，うまく均衡がとれたデザインを無視したがる芸術家もいます．

「〜もいれば，〜もいる」という大雑把な2つの分類を述べるときに使います．

□たいふう（台風）

A typhoon is a very large and powerful storm in the Pacific Ocean.

台風は太平洋での非常に大きく力強い嵐です．

The Pacific Ocean means "gentle sea", but it is a place where disastrous storms are born every year.

太平洋は「穏やかな海」という意味です．しかしそこは，毎年災害を引き起こす嵐が生まれる場所です．

場所を説明する関係副詞です．

□たいりくいどう（大陸移動）

Continental drift is an idea proposed by Alfred Wegener, a German geo-physicist, in 1912, in which he said the continents had been moving very slowly and constantly.

大陸移動は，1912 年にドイツ人地球物理学者アルフレッド・ウェゲナーによって提唱された，大陸は非常にゆっくり絶え間なく動いてきたという考えです．

Tokyo is located on very dangerous land in terms of the volatile under-neath interaction of two subducting plates.

東京は，2 枚の沈み込むプレートの不安定な直下の相互作用の観点からは，非常に危険な土地の上に置かれています．

　「～の見方からだと」という条件や視点を述べるのに使われる語句です．

□だっすいしょうじょう（脱水症状）

Dehydration means a dangerous body condition in which it does not have enough water to stay active and healthy.

脱水症状は，元気で健康でいられる十分な水分がない危険な身体の状態を意味します．

"Even small children have to drink a little water at short intervals on a sizzling day." "I could not agree more."

「小さな子どもでさえ，猛暑の日には短い間隔で少しの水を飲まないといけない」「全くそのとおりだ」

　not agree と否定になっているので，「賛成しない」と誤解してしまいそうです．この表現は，「これ以上に賛成がない」つまり「今聞いた内容が賛成の頂点」という大いに賛成の意思表示です．

□たつまき（竜巻）

A tornado is a powerfully whirling upside-down cone of air, which comes down from the cloud to the ground.

竜巻は逆さ三角錐の力強く渦巻く空気で，雲から地上へ降りてくる．

An SF writer warns an urban heat island <u>may well</u> cause powerful twisters in big cities.

ある SF 作家は，都市高温化が大都市で強力な竜巻を引き起こしてもおかしくないと警告する．（twister は米語です）　　　　　　☞英語・米語

<u>well</u>（十分に）があるので，推量の may よりは高い可能性を伝えます．

□ちから（力）

Force is a push or a pull which comes from interactive objects.

力は相互に作用する物体からくる，押しあるいは引きです．

"<u>May</u> the force be with you." は「スターウォーズ」で頻繁に語られる表現です．1977 年の字幕では「理力」と訳された宇宙の不思議な力です．

助動詞 may で文章をはじめると，<u>読み手へ祈念を伝える</u>ことになります．私は，電子メールでの新年の挨拶で，よく使います．

May the New Year bring you many happy moments.

新しい年があなたに多くの幸せな時をもたらしますように，祈念します．

□てんき（天気）

Weather is the changing condition of the sky.

天気は変化する空の状態です．

Weather <u>used to</u> be a good topic to start a conversation, but now it is a sensitive issue because of global warming.

天気はかつては会話をはじめるのに良い話題でした．しかし，今は地球温暖化のために注意を要する問題です．

頻度が高かった過去のできごとや習慣的にしていたことを表現します．

use（使う）の過去形，過去分詞である used との混同をさける必要があります．

This computer is <u>used by</u> students.（受動態）

このコンピュータは学生によって使用されます．

また, be used to という表現は「～に慣れている」という意味になります．

Students <u>are used to</u> using this computer.
学生たちはこのコンピュータを使うのに慣れてます.

　　上記 used の d の発音が〔d〕だったり〔t〕だったりします. ウェブ上の録音音声で確認してください.

□でんせつ（伝説）

<u>Legend</u> is a very old story passed down by word-of-mouth without clear evidence to prove it is true.
伝説はそれが本当だと証明するはっきりした証拠がなく, 口頭で伝わってきた非常に古い話です.

　　最近では, 特定の分野で業績をあげた人物を指すこともあります.

Newton <u>might have seen</u> an apple fall from a tree.
ニュートンは木からリンゴが落下するのを見たかもしれない.

　　「might + have +動詞の過去分詞」で, 過去についての推量を伝えます.

□とうけつ（凍結）

Freezing means a physical change in which liquid turns into solid when its temperature is lowered below its freezing point.
凍結（凝固）は, 温度が物質の凝固点を下回るときに液体が個体になる物理的な変化を意味します.

　　警察官に "Freeze!" と言われたら,「動くな！」の意味です.

□どうぶつえん（動物園）

<u>A zoo</u> is an amusement and educational park in which wild animals are kept and fed separately for visitors to have a closer look at them.
動物園は, 来場者が近くで見えるように野生動物が別々に飼育されている, 楽しめる教育的な公園です.

Zootpia is a computer-animated movie. Children enjoy human-like behaviors of <u>not a few</u> animals.
「ズートピア」はコンピュータ作成のアニメ映画です. 子どもたちは, かな

り多くの動物たちの人間のような行動を楽しみます.

　少なくないという意味です.

　a few は 2〜3 の意味ですが，few 1 語だと否定的な意味になり，quite a few だと多数という意味になります.

□にじ（虹）

A rainbow is an arc of reflecting water to the sunlight to show seven colors in the sky.

虹は，空で太陽光に反射し 7 色を見せる水の弧です.

Nobody in Hawaii spends a day without seeing a rainbow.

ハワイで虹を見ずに 1 日を過ごす人はいない.

　二重否定で肯定の意味を伝えます.

□にんげんこうがく（人間工学）

Ergonomics means a scientific approach to make daily tools, machines, or furniture more comfortable and efficient to use without feeling stress.

人間工学は，ストレスを感じずにより気持ちよく能率的に使えるように，日々の道具，機械あるいは家具を作る科学的な取り組みを意味します.

My old chair has been broken. I can do nothing but sit on a stool to work at home.

私の古い椅子は壊れたままだ. 家で仕事をするのに背もたれのない椅子に座るしかない.

　「〜する以外に何もできない」とほかの選択肢がない状況を伝えます.

□ねんしょう（燃焼）

Burning is a process through which fire turns something into ashes.

燃焼は，火が何かを灰に変える作用です.

　不燃物と可燃物を区別する単語に non-flammable と flammable があります. ところが inflammable という形容詞もあって，これを flammable の否定形と誤解する人もいるようです. inflammable の接頭辞の in は「中へ」の

意味です．そこで non-inflammable という表現を使う人もでてきたようです
が，警告は短い単語のほうがいいので，non-flammable と flammable を使い
分けることになったようです．

　incombustible は不燃で，combustible は可燃で，この組み合わせを使う
場合もあるようです．なお，non-combustible（不燃）という単語もあります．

□ねんど（粘度）

Viscosity means inner resistance that makes the flow of fluid slower.
粘度は，流れを遅くする液体の内なる抵抗を意味します．

During the morning and evening rush hour many freeways witness
bumper to bumper traffic. This congestion is often called a "traffic jam".
朝夕のラッシュアワーの間，多くの高速道路は車間がつまった交通を目にす
る．この混雑はしばし「交通のジャム（交通渋滞）」と呼ばれる．

　無生物主語の一例です．

□のりものよい（乗物酔い）

Motion sickness means an unfavorable body condition to feel uneasy and
queasy during traveling by car or airplane.
乗物酔いは，車とか飛行機で移動中の，不安で胃のむかむかを感じる好まし
くない体調を意味します．

If you feel sick because of a bumpy flight, you might as well drink gin-
ger ale.
飛行機の揺れで気分が悪くなったら，ジンジャエールを飲んだらいいかもし
れない．

　ほかの案がないので（薬は予防薬で間に合わないし），今は，それをした
ほうがいいという助言を表します．

　この内容は，米国のミネアポリス空港で，実際に医療スタッフから聞いた
助言の再現です．

□ばくてりあ（バクテリア）

Bacteria are the smallest living things of many kinds anywhere and everywhere all over the world and in our body as well.

バクテリアは世界中のいかなる所，すべての所，私たちの身体の中にもいる，種類の多い最も小さな生物です．

　bacteria は bacterium の複数形．単体で棲息はしないようなので複数形で記述しました．

□はくめい（薄明）

Twilight is a short period of time just before the sunrise when it is still a little dark, or just after the sunset when it is not very dark yet.

薄明は，日の出の直前でまだ少し暗い短い時間帯，あるいは日没直後でまだ完全には暗くなっていない短い時間帯です．

　twilight を黄昏と訳す場合も多いのですが，英語では薄明の意味になります．黄昏に対応する単語は dusk です．

Midnight Sun is just beyond my imagination.

白夜は私の想像が及ばない（想像が困難だ）．

　「〜を超える」つまり手の届かないところにあるという意味の前置詞です．

□ばたふらいこうか（バタフライ効果）

The butterfly effect is an idea to explain a small change in one place can make much bigger changes happen in remote places.

バタフライ効果は，ある場所の小さな変化が離れた場所でより大きな変化を起こさせる可能性があるということを説明するための考えです．

Can you tell butterflies from moths?

蝶と蛾の差は言えますか？

　2つのものを識別するという表現です．"distinguish A from B" と同じ意味です．

□はっこう（醗酵）

Fermentation means a biological process through which sugar becomes alcohol.

醗酵は，砂糖がアルコールに代わる生物的な作用を意味します．

Is it easy to have soybeans fermented at home?

大豆を家で発酵させることは簡単ですか？

　この構文の別の例文を見てみましょう．

　散髪を日本語で「髪を切った」と言います．これを英語で "I cut my hair." と言うと，自分の手で切ったことになります．会話では "I got a haircut." ですが，have を使う表現も紹介します．

I had my hair cut.

髪の毛を切ってもらった．

　「have ＋物＋動詞の過去分詞」の文型で，「誰かに～してもらう」という意味を表現できます．

　「have ＋人＋動詞の原形」の文型では，「その人に～をしてもらう」という意味になります．

I had my assistant make copies of the document.

私は助手に文書のコピーをとってもらった．

　この文型の have を make に変えると，「強制力」が表面化するので注意が必要です．

I make my wife cook.

家内に料理をさせている．

　この文章からは，夫人に無理やり料理させている状況が想像できます．

□ はんしゃ（反射）

Reflection means an optical image which happens in a mirror.

反射は，鏡で起こる光による像を意味します．

But for traffic mirrors, the number of car accidents would increase at intersections with poor visibility.

カーブミラー（和製英語）がなければ，見通しの悪い交差点で交通事故の数が増えるでしょう．

　「〜がなければ」という仮定法の文章で使われます．without と言い換えができます．

□ ぱんでみっく（パンデミック）

Pandemic means an unhealthy and unfavorable condition in which a large number of people all over the world suffer from the same infectious and dangerous disease.

パンデミックは，世界中で多くの人々が同一の危険な感染症で苦しむ，不健康で好ましくない状況を意味します．

Whereas epidemic refers to a local disease, pandemic means a global illness.

エピデミックは地域の病気をいうのに対し，パンデミックは地球的な疫病を意味します．

　２つの内容を対比させるときの接続詞です．似たような接続詞に while がありますが，while は２つの文の内容が同時であることが注目されます．

While COVID-19 is rampant, heatstroke can make more people suffer in summer.

COVID-19 が蔓延している一方で，夏は熱中症がより多くの人を苦しめる可能性がある．

□ ひかり（光）

Light is the fastest energy which travels in the air and water, and allows human eyes to see.

光は人の目に物が見えるようにする，空気中および水中を伝わる最速のエネルギーです．

You had better carry a flash light in your car, in case you are involved in a car accident at night.

万が一，夜中に交通事故に巻き込まれるときのために，車に懐中電灯を積んでおいたほうがよい．

in case：「万が一〜するといけないので」は，前述（「せいでんき（静電気）」の項）の lest と同じような意味を伝えます．

会話では，just in case と言ったりします．

had better には「〜したほうがよい」という親切心があるようですが，英語では「しないとよくならない」という高圧的な響きがあります．"Why don't you 〜?" と言うほうが，友人や知人への助言としての響きはよくなります．

□ひなん（避難）

Evacuation means an enforced escape from a dangerous location to a safe place.

避難は，危険な所から安全な場所へのやむをえない逃避を意味します．

Evacuees are people who escape a natural disaster such as a typhoon, an earthquake, or a tsunami. According to the UN refugees are people who cannot return home or are afraid to do so because of war, or ethnic and religious persecution in their home country.

避難民は，台風，地震や津波などの自然災害を逃れる人々です．国連によると，難民は母国での戦争，あるいは民族および宗教の迫害のために，母国に戻れないあるいは戻るのを恐れている人々です．

「〜によると」は情報源を明確にするときの語句です．

□ふっとう（沸騰）

Boiling is rapid changing of liquid into gas when it is heated.

沸騰は，熱せられたときに液体がガスに急激に変化することです.

Keep it in mind that you need boiling water to make your cupnoodle ready.

カップヌードルを準備するのに，沸騰している湯が必要だということを覚えておいてください.

　it は keep の目的語で，that 以下の内容を表しています（仮目的語）.

□ふはい（腐敗）

Decomposition is a natural process through which fresh or eatable things are changed into smelly and uneatable things.

腐敗は，新鮮あるいは食べられるものが，臭くて食べられないものになる自然な変化です.

"Biodegradable" seems to be a difficult word, but once you divide it into four parts: bio, de, grade, and able, you will get to know its meaning.

「biodegradable（生物学的に分解可能な）」は難しい単語のように見える. しかし，一度それを bio, de, grade, able の 4 つの部分に分けると，その意味がわかるようになる.

　「一度～する」という意味です.

□みぞれ（霙）

Sleet is frozen or partly frozen rain.

みぞれは，凍った，あるいは半ば凍った雨です.

Hail starts falling when the thunderstorm's updraft can no longer support its weight.

あられは雷雨の上昇気流がその重さを支えきれなくなると，落下しはじめる.

　「もはや～しない」という否定を表します.

□もれ（漏れ）

Leakage is an unexpected discharge of liquid or gas from a crack of the pipe or container.

漏れは，パイプあるいは容器のヒビから液体あるいはガスの思いもよらない放出です．

　事故防止には予防が大切でしょう．健康管理でも同じです．

Suffice to say that prevention is better than cure.

予防は治療よりもよいといえば，十分だ．

　「〜といえば十分」という意味を伝えます．

□りょうし（量子）

Quantum in physics is the smallest unit of a physical quantity in a physical interaction.

物理学の量子は，物理的相互作用のなかの物理的な量の最も小さな単位です．

It goes out without saying that quantum computing will change future technology.

量子コンピュータの働きが未来の技術を変えることは，いうまでもない．

　「that 以下の内容について言わずに行く（goes）」という表現で，「〜するのは当然だ」という意味を伝えます．

□れんきんじゅつ（錬金術）

Alchemy means the very old study, research and experiment to change metals into gold.

錬金術は，金属を金に変化させるためのとても古い学問，研究そして実験を意味します．

A lot of scientists, engineers and craftsmen tried **in vain** to make gold through many kinds of chemical experiments.

多くの科学者，技術者や職人たちが，多くの種類の化学実験をとおし金を作ろうと試みたが，無駄だった．

　「結果として無駄に終わる」という意味を伝える表現です．

　以上で，このチャプターは終わりです．冒頭で述べたとおり，事象を説明した
例文は簡略化した内容になっています．専門的な見地からは不適切な記述になっ
ているかもしれません．

　本書の最後に，「私個人としての理解を前提にしている」旨を表す「前振り表現」
を紹介します．個人的な見解を述べる際に，冒頭で言う，あるいは書くといいで
しょう．

As far as I know ….
私の知る限りでは，….

To the best of my knowledge ….
私の最善の知識では，….

According to a book I read ….
私が読んだ本によると，….

　これで，本書での学習は最後になります．この後は，巻末に説明のあるウェブ
上の「英語工具箱」を活用して，学習を発展的に継続していただければ幸いです．

おわりに―未来への英語力

　川端康成の中編小説『山の音』を読んでいたら，英語にかかわる場面に出くわしました．

「絹子さんはアメリカの雑誌を，どんどん読みますし…」

　登場人物の洋裁店を出すための準備として読み取れる一節です．この姿勢こそが，文明開化以降，日本という国がとってきた英語教育の到達目標を表していたのではないでしょうか．つまり，「英語をとおしての情報収集」です．

　小松左京の『日本沈没』には，時代遅れの感を否めませんが，有益な内容が書いてあります．

「…君は中学校の時，シェイクスピア全集を原語で全部読んだといっていたな…君の英語の実力を，忘れておったよ」

　重要な人物の英語力に敬意をはらう場面での台詞です．この件は，物語の展開以上に記憶に残る記述でした．

　著者自身は，高校3年生で英検2級に合格しましたが(準2級がなかった時代)，当時は，音声の録音・再生機は我が家にはなく，音声教材の入手自体も極めて困難だったので，高校生までの学習では，幕末の長崎出島の通詞よろしく，教科書の英文を，参考書で解説された発音記号と英語らしい発音をするために描かれた舌の位置図をもとに，音声の補助なしで，繰り返し音読したことを記憶しています（これを素読といいます）．

　今思えば，当時の学校の英語教育に，コミュニケーション能力重視で，読み書きよりも会話能力が大切という方針がなかったことは，私には幸いでした．

　いつの間にか，小学生も義務教育として英会話を習う時代になりました．英語の音に慣れ，外国の人々と臆さず会話ができるように，多くの児童が口頭表現を覚えていくことは悪いことではありません．しかし，社会全体が「グローバル化」という新たな黒船来航に浮足立って，日本人の英語学習者にとって，より重要な

目標があるのを見失い，混乱に陥っているような印象を持ってしまいます．

　端的にいえば，「話せるようになる」という目標達成を急ぎすぎているのです．

　著者の経験からいえば，読み書きがきちんとできるようになると，追加の努力でリスニングもスピーキングも顕著に向上するのです．口頭でのコミュニケーション能力を本格的に向上させるのは，英語を読む力がついてからでも遅くはありません．

　本書で引用を多用したのも，基本的な英語学習を踏み台に，英語での読書へ関心を広げていただきたいという配慮からでした．

　最新の科学記事や SF などを読めば，エンジニアにとって重要な想像力を培うことの一助にもなるでしょう．

　英国の SF の巨匠だったアーサー C. クラークは書いています．

Reading of science fiction is essential training for anyone wishing to look more than ten years ahead.

Arthur C. Clarke, *Profiles of the Future*

SF を読むことは，10 年を超える未来を見ようとする者なら，だれにとっても不可欠な訓練である．

　好むと好まざるとにかかわらず，世界各地から発信される情報の共有が英語に依存しているという現実を踏まえれば，21 世紀の後半に向けて，さらに英語の運用能力が求められていくことでしょう．

　繰り返しですが，英語学習の頂点には，私の経験では，独学であっても，たくさんの英文を読み，聞いて，書き写し，そして音読することで，たどりつくことができるのです．

Haste makes waste.

　急いては事を仕損じる．

これは，真理を伝える現在形で，第 3 文型です．

本書が英語学習者の皆さんへの大きな勧奨になることを切に願います．

　最後になってしまいましたが，本書の作成に際し多大なる援助を惜しまなかっ

た東京電機大学出版局編集担当の吉田拓歩氏および例文の確認と音声データ作成に協力していただいた東京電機大学英語系列の Paul Nadasdy 先生に厚く御礼申し上げます.

2022 年 6 月

山村 嘉雄

音声と英語工具箱の活用のしかた

　音声ファイルと「英語工具箱」ファイルは，下記の URL からご利用いただけます．

　　https://web.tdupress.jp/reenglish/

(1) 音声

　本文中で網掛けをして記載してある単語や例文には，ネイティブ・スピーカーが朗読した音声データがあります．リスニング力強化と音読学習の一助としてください．

　また，本文中で網掛けをして記載してある単語や例文は，音声による学習時の便宜をはかり，「英語工具箱」のなかに用意した「native speaker 音読単語・例文」シートに収録してあります．これを活用すると，本書記載のページを見ることなく，単語・例文と音声を容易に対応させながら，独習を進めることが可能です．

　さらに，著者による音読の音声データもあります．日本人が発声する英語も参考としていただければ幸いです．

　該当箇所は，本文中では p.68 の「水の循環」を説明した英文です．さらに「英語工具箱」にある「音読用 passage」にも，著者の朗読音声データを用意しました．

　なお，本文中の引用文，補足説明の英文の一部とチャプター 4 に出てくる単語や例文の音声はありません．「英語工具箱」の上記以外のシートに掲載された単語と例文にも音声データはありません．

(2) 英語学習データ集

　「英語工具箱」と名づけた，Excel で作成した一種の英語学習データ集です．ダウンロードして使いやすいように編集を加えてください．

　シート見出しを左側から列挙します．

- native speaker 音読単語・例文（本文中の網掛け部分のまとめ）
- 音読用 passage（著者の朗読あり）

  アイウエ順で並んたシート見出し.
  - R（アール）とL（エル）
  - 英語・米語
  - 外来語（英語の中で使用される外国語由来の単語と語句）
  - カタカナ
  - カバン語・合成語
  - 冠詞
  - 語彙力強化単文集
  - 構文
  - 酷似単語
  - 再帰代名詞
  - （性別）gender
  - 接続詞
  - 接頭辞・接尾辞
  - 前置詞
  - 代名詞
  - 比喩
  - 無生物主語

  右端にあるシートの見出し.
- 英語検定試験紹介（著者が受験したもの）

　50年を超える英語学習でため込んだデータの一部をまとめたものです. 例文は, 多くの文献を参照しながら, 独自にまとめたものです.

　シート見出しの分類は, 全く恣意的です. 自由に編集し, 末永く活用していただくと幸いです.

　読者からの問い合わせなどへの対応で, 記載内容を変更する可能性がありますが, そのつど, ほかの読者の皆様へ周知することはありません. あらかじめご承知おきくださいますよう, お願いいたします.

	語彙	品詞	意味		時制	例文	補足説明
1	語彙	品詞	意味		時制	例文	補足説明
74	avenge	他動詞	仇敵に報いて仕返しする	3	過去	He avenged the theft of his bicycle.	
75	average	形容詞	平均の	2	現在	The average temperature in Tokyo throughout the year is approximately 16 degrees Celsius.	
76	awarded	形容詞	授与される名	2	現在	An academic degree is a qualification awarded to students who complete required study at a university.	whoは関係代名詞
77	bald	形容詞	すり減った	3	保安過去完了	Bald tires could cause a fatal accident.	
79	basic	形容詞	基本の	2	現在	Knowledge is a basic human right.	
82	behind	前置詞	～の背後に	3	過去進行	The terrorist was lurking behind the huge tree to attack the president's car.	
83	belief	名詞	信じること	1・2	現在	News spreads quickly, especially when it is apparently beyond belief.	
86	beyond	前置詞	～を越えて	1・2	現在	News spreads quickly, especially when it is apparently beyond belief.	
91	biodegradable	形容詞	生物分解が可能な	3	現在	Biodegradable packaging limits the amount of harmful chemicals released into the environment.	
100	breathe	完全自動詞	呼吸する	1	must not	When you swim underwater, you must not breathe, not even with your nose.	
103	bullied	形容詞	いじめられた	3	過去	The bullied child revenged his insult.	
104	burglar	名詞	建物に入る侵入者	3	過去	The burglar broke the locked door.	
115	cause	他動詞	引き起こす	3	現在	This medicine may cause drowsiness.	
117	Celsius	名詞	摂氏	2	現在	The average temperature in Tokyo throughout the year is approximately 16 degrees Celsius.	
119	center	名詞	～を中心において		受動態	His theory of human evolution is centered on the notion of artistic expressions rather than hunting.	
121	chemical	名詞	化学物質	3	現在	Biodegradable packaging limits the amount of harmful chemicals released into the environment.	
122	childhood	名詞	幼少期	3	過去	He spent a happy childhood.	
124	citizen	名詞	市民	3	過去	The mayor's flimsy explanation sowed doubt among the citizens.	
126	climb	自動詞	登山する	1	未来	We will climb to the summit tomorrow.	
128	coach	名詞	観光バス	3	過去	I traveled up to Scotland from London by coach.	
130	cold-blooded	形容詞	冷血の	2	現在	Mammals are warm-blooded, whereas reptiles are cold-blooded.	
131	collapse	完全自動詞	崩壊する	1	過去	Several fragile bridges collapsed instantly in the powerful earthquake.	
132	collider	名詞	粒子の加速衝突装置	2	現在	The Large Hadron Collider is the most prodigious experiment machine in the world.	
134	comfortable	形容詞	気持ちのよい	2・3	現在	People feel comfortable when they relieve themselves in their own private space.	
136	commercial	形容詞	商業の	2	過去	Neither human space flight nor nuclear power was a response to commercial demand.	
137	complete	動詞	修了する	2	現在	An academic degree is a qualification awarded to students who complete required study at a university.	whoは関係代名詞
145	compound	名詞	化合物	2	現在	Urine is a source of ammonia, an excellent natural compound for cleaning.	
152	confidential	形容詞	極秘の	3	現在	The hacker installed a decoy program in his computer to steal confidential information.	
153	confidential	形容詞	極秘の	3	現在		
154	confirm	他動詞	確認する		受動態	A thorough inspection is required to confirm the safety of the nuclear power plant.	
158	console	名詞	家庭用ゲーム機	1	現在完了	My son has been drooling over the new video game console.	
160	console	他動詞	慰める	1	未来完了	The new doll will console my daughter in hospital.	
161	conspicuous	形容詞	明らかな	2	現在	The symptoms of the disease are conspicuous.	
172	cooperative	形容詞	協力しあう	2	現在	A pair of helical gears is a trite metaphor for cooperative action.	
173	copper	名詞	銅	2	現在	Escondida mine is the world's largest copper producer in Northern Chile.	
174	core	他動詞	芯を抜く	it is	現在	It is not difficult to core an apple with a cooking knife.	
175	core	形容詞	中核の	2	現在	ABC is the core city in the region.	
179	could	助動詞	疑問+		保安過去完了	Bald tires could cause a fatal accident.	
181	countryside	名詞	田舎	3	現在	I would like to live in a countryside after I get married.	
182	cradle	名詞	赤ちゃんのゆりかご	1	現在	The country has a social security from the cradle to the grave.	
184	crime	名詞	犯罪	4	現在	Secrets make crimes possible.	
185	crush	完全自動詞	つぶれる	1	現在	Toy balloons crush gradually in a couple of hours.	
189	cultivate	他動詞	増殖させる	1	未来	A dirty sink will cultivate germs.	
190	curiosity	名詞	好奇心	1	現在	Curiosity remains at the core of human existence.	
191	customer	名詞	顧客		受動態	Many customers were disappointed at the demise of the old department store.	
198	dawn	名詞	夜明け	1	未来完了	The rain will have stopped at dawn.	

（「語彙力強化単文集」シートの一部）

【著者紹介】

山村嘉雄（やまむら・よしお）

学　歴	明治大学文学部文学科卒業
職　歴	千代田ビジネス専門学校教員
	東京電機大学職員
現　在	英語工房 SACELL 代表
	東京電機大学非常勤講師

主な資格・検定
　　実用英語技能検定 1 級，通訳案内業免許証（英語），
　　国際連合公用語英語検定試験特 A 級，工業英語検定試験 1 級，
　　TESOL, IELTS for Teachers

主な著書
　　『航空無線通信士　英語試験問題集　傾向と対策』
　　東京電機大学出版局，2018

研究内容
　　科学的視点からのルイス・キャロルの作品研究

理系学生・エンジニアのためのやり直し英語　*E*=*mc*²で身につける4技能

2022 年 7 月 10 日　第 1 版 1 刷発行　　　　　　ISBN 978-4-501-63370-7 C3050

著　者　山村嘉雄
　　　　©Yamamura Yoshio 2022

発行所　学校法人 東京電機大学　　〒120-8551　東京都足立区千住旭町 5 番
　　　　東京電機大学出版局　　　　Tel. 03-5284-5386（営業）03-5284-5385（編集）
　　　　　　　　　　　　　　　　　Fax. 03-5284-5387 振替口座 00160-5-71715
　　　　　　　　　　　　　　　　　https://www.tdupress.jp/

制作：(株)チューリング　　印刷：(株)加藤文明社　　製本：誠製本(株)
装丁：齋藤由美子
落丁・乱丁本はお取り替えいたします。　　　　　　　　Printed in Japan